高等职业教育新形态一体化教材

传感器与检测技术

（第 5 版）

主　编　戚玉强　于　虹

副主编　王国强　郭浩鹏　张惠鸣

主　审　李增国

北京航空航天大学出版社

内 容 简 介

本书主要介绍了常用传感器的构成、工作原理、特性参数、选型及安装调试等方面的知识,对测量电路的基本概念、抗干扰技术及新型传感器的应用也做了介绍。

书中列举了各类传感器在工业、科研和日常生活中的应用实例,每章均附有习题,注重培养和提高学生的应用能力与分析能力。本书为新形态一体化教材,扫描书中二维码,可获取微课视频数字化学习内容,有助于读者进行线上、线下混合式学习。

本书可作为高职高专机电设备类、自动化类、电子信息类及计算机应用类专业的教学用书,也作为相关领域工程技术人员的参考书。

本书配有教学课件和试卷供任课教师参考,请发送邮件至 goodtextbook@126.com 或致电 010-82317037 申请索取。

图书在版编目(CIP)数据

传感器与检测技术 / 戚玉强,于虹主编. -- 5 版
. -- 北京:北京航空航天大学出版社,2024.2
ISBN 978-7-5124-4141-5

Ⅰ.①传… Ⅱ.①戚… ②于… Ⅲ.①传感器—检测
Ⅳ.①TP212

中国国家版本馆 CIP 数据核字(2023)第 147204 号

传感器与检测技术(第 5 版)

主 编 戚玉强 于 虹
副主编 王国强 郭浩鹏 张惠鸣
主 审 李增国
策划编辑 董 瑞 责任编辑 周世婷
*
北京航空航天大学出版社出版发行

北京市海淀区学院路 37 号(邮编 100191) http://www.buaapress.com.cn
发行部电话:(010)82317024 传真:(010)82328026
读者信箱:goodtextbook@126.com 邮购电话:(010)82316936
北京凌奇印刷有限责任公司印装 各地书店经销
*
开本:787×1 092 1/16 印张:12.5 字数:320 千字
2024 年 2 月第 5 版 2024 年 8 月第 2 次印刷 印数:1 001~2 000 册
ISBN 978-7-5124-4141-5 定价:46.00 元

第5版前言

传感器是人工智能系统的感知元件,随着人工智能、物联网、新能源等现代科技的快速发展,传感器在自动化中的应用已渗透到工农业生产、军事国防、航空航天、海洋探测、环境保护等诸多领域。同时,传感器在自动化中的应用也是衡量一个国家智能化、数字化、网络化程度的重要标志。"传感器与检测技术"课程作为各大高校电类和非电类专业的专业基础课,是学习后续专业课程的重要支撑。本书依据教育部最新制定的《高职高专教育电工电子技术课程教学基本要求》编写。

本书是高等职业教育新形态一体化教材,在结构、内容编排等方面,吸收了编者近几年在教学改革、教材建设等方面取得的经验体会,力求体现高等职业教育的特点,贴近行业需求,满足当前教学的需要。本书语言精练,通俗易懂,结构编排合理,可作为高职高专机电设备类、自动化类、电子信息类及计算机应用类专业的专业基础课程教材,也可供技术人员参考。

全书内容包括传感器简论、传感器测量电路、电阻式传感器、电容式传感器、电感式传感器、压电式传感器、霍耳式传感器、热电偶传感器、光电式传感器、数字式传感器、新型传感器、智能传感器和网络传感器以及传感器实验。

本书在编写过程中注意了以下几个方面:

(1)在教材内容选取上,以"必需、够用"为度,注重吸收新技术、新产品及新内容。内容层次清晰,循序渐进,让学生对基本理论有系统、深入的理解,为今后的持续学习奠定基础。

(2)考虑到模块化教学和适应弹性学制的要求,在编写教材时,除基础知识外,均采用了分别介绍单个传感器的原则,授课时可根据主干课的需要,自行选择。实验亦是如此。

(3)在呈现方式上,教材按照新形态模式编写,素材丰富,资源立体,读者可以扫描书中的二维码,获取相关知识点的微课视频数字化学习内容,拓宽知识面。

江苏农牧科技职业学院的戚玉强编写了第 5 章、第 10 章、第 12 章和第 13 章;江苏农牧科技职业学院的于虹编写了第 1～3 章和第 6 章;江苏农牧科技职业学院的王国强编写了第 4 章和第 11 章;广州中望龙腾软件股份有限公司的郭浩鹏编写了第 7 章和第 8 章;泰州科迪电子有限公司的张惠鸣编写了第 9 章和附录。

本书由江苏农牧科技职业学院的李增国主审。李老师提出了许多宝贵意见,在此表示诚挚的感谢。

由于编者水平有限,书中如有误漏欠妥之处,敬请读者和同行批评指正。

编　者

2023 年 7 月

目 录

第0章 绪 论

0.1 传感器技术的由来、现状与发展

由探头技术发展而来的传感器技术经过不断的发展,已形成了一个独特的领域。

随着信息时代的到来和不断推进,信息技术的相关行业正如雨后春笋般涌现出来。传感器技术正是在这一背景下孕育生成,不断发展的。近几十年来,传感器技术在工业自动化、国防军事及以航空、航天、海洋开发为代表的尖端科学技术等重要领域广泛应用的同时,正以它巨大的潜力和独特的魅力向着与人类生活息息相关的各个层面进行渗透,如安全防范、交通运输、医疗卫生、生物工程、环境保护和家用电器等。

传感器的认知、
定义与作用

信息技术的关键在于信息的采集和信息的处理。其中,信息的采集由传感器完成,而信息的处理则由计算机完成。因此,传感器又被人们称为"电五官"(它应具有人的眼、耳、鼻、口和皮肤的功能)。传感器技术与计算机技术两者之间相互协调、共同促进与发展的程度,将直接影响整个信息技术发展的速度和走向。

传感器的重要性集中体现在它是实现自动检测与自动控制的首要环节。如果没有传感器对原始信息(信号或参数)进行精确、可靠的测量,就无法实现从信号的提取、转换、处理到生产过程的自动化。随着计算机技术的飞速发展和广泛普及,传感器在新技术中的地位和作用将更为突出。许多具有竞争力的产品的开发和技术改造,都离不开传感器技术的支持。因此,研制、开发大量急需的传感器件以适应当今科技发展和普及的要求已刻不容缓。

随着科学技术的不断进步,特别是自动化技术的广泛应用,传感器技术与相应的检测技术必将得到更大的发展。其发展的趋势将向以下几个方面突破。

1. 集成化

集成化就是利用集成加工技术,将敏感元件、放大电路、运算电路和补偿电路等集成在一块芯片上;或是在同一块芯片上,将众多同类型的单个传感器件集成为一维、二维或三维阵列型传感器,使它们成为一体化装置或器件。集成化后的传感器件或装置的优点是可简化电路设计,节省安装和调试的时间,增加可靠性。缺点是一旦损坏就得更换整个器件(或装置)。

2. 微型化

微型化就是利用微型加工技术,尽可能地将传感器的体积和质量做到最小。微米、纳米技术的问世以及微机械加工技术的不断实用化为微型传感器的研制、加工提供了可能。微型传感器最显著的特征就是体积微小、质量很小,其敏感元件的尺寸一般都为微米(μm)级。未来在人们的日常生活中可能布满了各种电脑芯片,到那时,人类可以把一种含有微型传感器的微型电脑像吃药片一样吞下,从而可在人体内进行各种检测,帮助医生进行诊断。微型传感器的

研制和应用,目前乃至今后一个时期,最引人关注的是在航空航天领域。

3. 数字化

在全球进入信息时代的同时,人类也进入了数字化时代,因为数字化技术是信息技术的基础。数字化传感器是指能把被测(模拟)量直接转换成数字量输出的传感器。因此,测量精度高、分辨率高、测量范围广、抗干扰能力强、稳定性好、自动控制程度高、便于动态和多路检测以及性能可靠是这类传感器的主要特点。

4. 智能化

智能化传感器是一种将普通传感器与专用微处理器一体化后,兼有检测与信息处理功能,具有双向通信功能的新型传感器系统。它不仅具有信号采集、转换和处理的功能,还同时具有信息存储、记忆、识别、自补偿和自诊断等多种功能。传感器智能化后,就具备了认识广阔空间状态的能力。在复杂的自动化系统中,在机器人、人造卫星等领域都发挥着重要作用。

5. 仿生化

在漫长的岁月里,大自然造就了许许多多功能奇特、性能高超的生物传感器。仿生传感器就是人类在对生物界不断认识、不断研究的过程中发展起来的。例如,研究狗的嗅觉,鸟的视觉,蝙蝠、海豚的听觉等,分析它们的机理;利用生物效应和化学效应研制出可供使用的仿生传感器在国外已初具规模,国内还有待开发。随着科技的发展,这种仿生化的程度会越来越强。

6. 网络化

由于互联网和物联网的快速发展以及电子穿戴技术的日益成熟,传感器网络接口芯片普遍应用,传感器与互联网的联系已是发展趋势,主要表现在以下两个方面:

① 为了解决现场总线的多样性问题,IEEE 1451.2 工作组建立了智能传感器接口模块(STIM)标准。

② 以 IEEE 802.15.4(Zigbee)为基础的无线传感器网络技术得以迅速发展。

0.2 课程性质及主要任务

以传感器为核心的传感器技术是涉及传感器原理、传感器件设计、传感器件开发与应用的一门综合技术。而传感技术的含义则更为广泛,它是包括敏感材料科学、传感器技术及系统、微机电加工技术、微型计算机及通信技术等多学科的一门新的工程技术。本课程是电子技术专业的一门重要的配套性专业课程,具有涉及知识面广、综合性与实践性强的特点。通过本课程的学习,应达到以下几点要求:

① 基本了解传感器的工作原理、传感器在检测与控制系统中的作用和地位,对传感器在现代化工业技术中的应用有一个较为系统的整体认知。

② 具有根据被测对象及测量要求合理选用传感器及相应测量电路的能力,并能构建简单的检测系统;了解和掌握常用物理量(位移、速度、力和温度等)的检测方法,并能分析典型传感器的应用电路。

③ 了解传感器与计算机技术、微电子技术等相关技术的结合与发展趋势,从而提高对引进设备的自动化检测技术和智能化仪器、仪表的理解和使用能力。

第1章 传感器简论

1.1 传感器的基本概念

能感受规定的被测量并按照一定的规律将其转换成可用的输出信号的器件或装置称为传感器。在有些学科领域,传感器又称为敏感元件、检测器或转换器等。

传感器的输出信号通常是电量,它便于传输、转换、处理及显示等。电量有很多形式,如电压、电流、频率和脉冲等。输出信号的形式由传感器的原理确定。而定义中的被测量就是被测的信号,它包括电量和非电量。一般使用传感器检测时,被测信号绝大部分为非电量。非电量的种类很多,常见的非电量有位移、力、速度、温度和浓度等。

1.2 传感器的组成与分类

1.2.1 传感器的组成

传感器一般由敏感元件、转换元件和转换电路3大部分组成,但有部分传感器将辅助电源作为其组成部分。随着微电子技术的发展和集成电路技术在传感器件中的应用,传感器可以将敏感元件、转换元件及辅助电源(自发电传感器除外)等部分元件一起集成在同一芯片上,做成一体化的器件。或将上述几部分与信号处理、A/D和微型计算机接口等集成在一起构成数字传感器。传感器组成见图 1-1。

传感器的
组成与分类

敏感元件是能直接感受被测量(一般为非电量),并输出与被测量成确定关系的其他物理量(其中包括电量)的元件(如对力敏感的电阻应变片、对光敏感的光敏电阻、对温度敏感的热敏电阻等)。

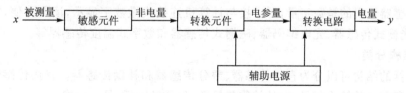

图 1-1 传感器组成

转换元件也称传感元件,其功能为将敏感元件的输出量转换成适用于传输或测量的电量后再输出,如将光信号转换成电信号的光电管,把压力信号转换成电信号的压电晶体片等。

实际上,不是所有的传感器都有敏感元件与转换元件。例如,光电池传感器,它既是直接感知光线变化的敏感元件,又能直接将光能转换成电压输出,两种元件合二为一。还有许多自发电式传感器也是如此。

转换电路是将转换元件输出的电参量转换成电压、电流或频率量的电路。但若转换元件输出的已经是上述电参量,就不需要用转换电路了。

辅助电源是用于提供传感器正常工作能源的电源,主要是指那些需要电源才能工作的转换电路和转换元件。

1.2.2 传感器的分类

传感器的种类很多,分类不尽相同,常用的分类方法有以下几种。

1. 按工作原理分类

按传感器的工作原理可以分为参量传感器、发电传感器及特殊传感器。

参量传感器主要有触点传感器、电阻式传感器、电感式传感器和电容式传感器等。

发电传感器主要有光电池、热电偶传感器、压电式传感器、霍耳式传感器和磁电式传感器等。

特殊传感器是不属于以上两种类型的传感器,如超声波探头、红外探测器和激光检测等。

2. 按被测量性质分类

按传感器的被测量性质可以分为机械量传感器、热工量传感器、成分量传感器、状态量传感器和探伤传感器等。

机械量传感器主要测量力、长度、位移、速度和加速度等。

热工量传感器主要测量温度、压力和流量等。

成分量传感器是检测各种气体、液体、固体化学成分的传感器,如检测可燃性气体泄漏的气敏传感器。

状态量传感器是检测设备运行状态的传感器,如由干簧管、霍耳元件做成的各种接近开关。

探伤传感器是用来检测金属制品内部的气泡和裂缝、检测人体内部器官的病灶的传感器,如超声波探头、CT 探测器等。

3. 按输出量种类分类

按传感器的输出量种类可分为模拟传感器和数字传感器。

模拟传感器输出与被测量成一定关系的模拟信号,如果要与单片机或计算机配合使用,还须经过 A/D 转换电路。

数字传感器输出的是数字量,可直接与计算机连接或做数字显示,读取方便,抗干扰能力强,可分为光栅式传感器、光电编码器、磁栅式传感器和数字式温度传感器等。

4. 按结构分类

按传感器的结构可以分为直接传感器、差分传感器和补偿传感器。直接传感器直接将被测量转换成所需要的输出信号,它的结构最简单,但灵敏度低,易受干扰。

差分传感器是把两个相同类型的直接传感器接在转换电路中,使两个传感器所经受的相同干扰信号相减,而有用的被测量信号相加,从而提高了灵敏度和抗干扰能力,改善了特性曲线的线性度。

补偿传感器是指测量显示装置自动跟踪被测量变化,将输出的信号与被测量进行比较产生一个偏差信号。此偏差信号由正向通路中的传感器变换成电量,再经过测量、放大后输出,供指示或记录,提高了测量精度和抗干扰能力。

常常以工作原理及被测量性质两种分类方式合二为一的方式为传感器命名,如电感式位移传感器、光电式转速计和压电式加速度计等。

1.3　传感器的基本特性

在科学试验、生产过程及自动化设备工作过程中,需要对各种各样的参数进行检测控制,这就要求传感器能感受被测量(一般为非电量)的变化并将其不失真地转换为相应的电量,以上这些均取决于传感器的基本特性。可从多方面判定传感器的性能,一般从静态特性和动态特性两方面判定。

传感器的
基本特性

1.3.1　传感器的静态特性

传感器的静态特性是指被测量为静态信号时,传感器输出量(y)和输入量(x)之间的关系,主要参数有灵敏度、分辨力、线性度、稳定度、迟滞、重复性和可靠性等。

1. 灵敏度

灵敏度(S)是指传感器在稳态工作情况下,传感器输出量增量 Δy 与被测量增量 Δx 的比值,即 $S = \Delta y / \Delta x$。它是输出-输入特性曲线的斜率。如果传感器的输出和输入之间呈线性关系,则灵敏度(S)是一个常数;否则,它将随输入量的变化而变化,如图 1 - 2 所示。例如,某位移传感器在位移变化为 1 mm,输出电压变化为 50 mV 时,其灵敏度应表示为 50 mV/mm。当传感器的输出、输入量的单位相同时,灵敏度可理解为放大倍数。

传感器的
静态特性

2. 分辨力

分辨力指传感器在规定测量范围内检测被测量的最小变化量的能力。当输入变化值未超过某一数值时,传感器的输出不会发生变化(即传感器分辨不出输入量的变化)。只有当输入量的变化超过了分辨力量值时,其输出才会发生变化。将分辨力除以仪表满度量程就是仪表的分辨率。

3. 线性度

传感器理想的线性特性如图 1 - 3 所示。它是线性方程 $y = a_1 x$,其中 y 为输出量,x 为输入量,a_1 为传感器的线性灵敏度。在这种情况下,$a_1 =$ 常数。但由于传感器在加工、调试等过程中受到外界影响,所以传感器的输出不能真实地反映被测量的变化,会存在一定误差,因此它的实际特性曲线并不完全符合测量时所要求的线性关系,如图 1 - 4 所示。

在实际工作中,常用一条拟合直线近似地代表实际的特性曲线。线性度就是用来表示实际特性曲线与拟合直线之间的最大偏差 Δy_{max} 与满量程输出 y_{FS} 的百分比,即

$$E_f = \frac{\Delta y_{max}}{y_{FS}} \times 100\% \tag{1-1}$$

4. 稳定度

稳定度是指所有测量条件都恒定不变的情况下,传感器输出在规定的时间内能维持其示值不变的能力。稳定度一般用精密度的示值变化和时间长短的比值来表示。

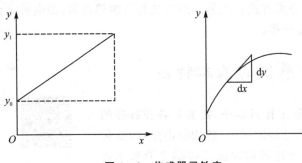

图1-2　传感器灵敏度　　　　　　图1-3　传感器理想线性特性图

5.电磁兼容性

电磁兼容性(EMC)是指传感器等元器件和电子设备在规定的电磁干扰环境中能按照原设计要求正常工作的能力,而且也不向处于同一环境中的其他设备释放超过允许范围的电磁干扰。随着科学技术的发展,高频、宽带、大功率的电器设备应用越来越广泛,产生的电磁干扰辐射也越来越严重地影响传感器和检测系统的正常工作,因此抗电磁干扰技术就显得越来越重要。

6.可靠性

可靠性是衡量传感器能够正常工作并完成其功能的程度。可靠性的应用体现在传感器正常工作和出现故障两个方面。其中,在传感器正常工作时可靠性由平均无故障时间来体现;在传感器出现故障时可靠性由平均故障修复时间来体现。

① 故障平均间隔时间(MTBF)是指两次故障的间隔时间。

② 平均故障修复时间(MTTR)是指排除故障所用的时间。

③ 故障率或失效率(λ)的变化曲线如图1-5所示。

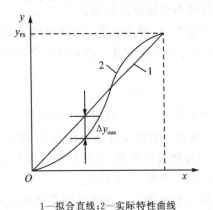

1—拟合直线;2—实际特性曲线

图1-4　特性曲线与线性度关系曲线

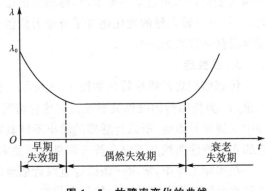

图1-5　故障率变化的曲线

7.重复性

重复性是指当传感器在相同工作条件下,输入量按同一方向全量程连续多次测试时所得到的特性曲线不一致的程度。重复性指标的高低程度属于随机误差性质。

8.迟　滞

迟滞是指传感器在正向(输入量增大)和反向(输入量减小)行程中,输出与输入特性曲线

不一致的程度,如图 1-6 所示。迟滞一般用两曲线之间输出量的最大差值与满量程输出的百分比表示,即

$$E_1 = (\Delta y_{max}/y_{FS}) \times 100\% \tag{1-2}$$

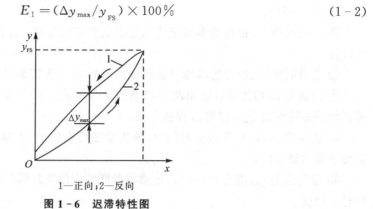

1—正向;2—反向

图 1-6　迟滞特性图

1.3.2　传感器的动态特性

　　传感器的动态特性是指传感器在输入发生变化时的输出特性。要检测的输入信号是随时间而变化的,传感器的特性应能跟随输入信号的变化,这样才能获得准确的输出信号。动态特性是传感器的重要特性之一。

　　传感器的动态特性常用阶跃响应和频率响应来表示。

1. 阶跃响应

　　按照阶跃状态变化输入的响应称为阶跃响应。从阶跃响应中可获得它在时间域内的瞬态响应特性,描述的方式为时域描述。例如,幅值为 A 的阶跃信号如图 1-7 所示。$t<0,x(t)=0$,表明既无输入也无输出;$t>0,x(t)=A$ 是一个幅值为 A 的信号输入。而此时传感器的阶跃响应(输出)如图 1-8 所示。

传感器的
动态特性

　　整个响应分为动态和稳态两个过程。其中动态过程是指传感器从初始状态到接近最终状态的响应过程(又称过渡过程);而稳态过程是指时间 $t\to\infty$ 时传感器的输出状态。阶跃响应主要是通过分析动态过程来研究传感器的动态特性。传感器的时域动态性能指标通常用其阶跃响应中的过渡曲线上的特性参数来表示,主要参数有时间常数(T)、上升时间(t_r)、响应时间(或调节时间)(t_s)、超调量(δ)、振动次数(N)及稳态误差(e_s)等。

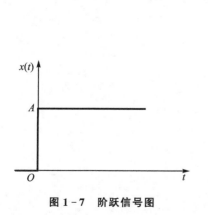

图 1-7　阶跃信号图

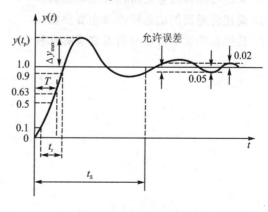

图 1-8　阶跃响应曲线

阶跃响应的主要特性指标如下：

① 时间常数 T，指输出量上升到稳定值的63%所需的时间。一阶传感器时间常数 T 越小，响应速度越快。

② 响应时间 t_s，指传感器输出达到稳态值所需的时间。t_s 反映了传感器总体的响应速度的快慢。

③ 上升时间 t_r，指传感器输出达到稳态值的90%所需的时间。t_r 越小，响应速度越快。

④ 超调量 δ，指传感器输出超过稳态值的最大值。$\delta=[\Delta y_{max}/y(\infty)]\times100\%$ 反映了传感器的动态精度，δ 越小过渡过程越平稳。

⑤ 振荡次数 N，指在响应时间内，输出量在稳态值上、下摆动的次数。振荡次数少，则表明传感器的稳定性好。

⑥ 稳定误差 e_s，指当 $t\to\infty$ 时，传感器阶跃响应的实际值与期望值之差。它反映了传感器的稳态精度。

2. 频率响应特性

频率响应特性用来研究传感器的动态特性。在实际中，应综合各种因素来确定传感器的各个特征参数。

3. 频率响应特性指标

① 频带传感器增益保持在一定值内的频率范围为传感器频带或通频带，对应有上、下截止频率。

② 时间常数 T 表征一阶传感器的动态特性。T 越小，频带越宽。

③ 二阶传感器的固有频率表征其动态特性。

习　题

1. 简述传感器的基本概念。
2. 简述传感器的组成与作用以及相互关系。
3. 简述传感器检测系统的主要组成及功能。
4. 简述传感器的基本特性。
5. 简述传感器的静态特性及主要参数。
6. 简述传感器的动态特性及主要参数。
7. 传感器的动态特性分析方法有哪几种？

第2章　传感器测量电路

传感器的输出信号种类较多,输出信号具有微弱、易衰减、非线性及易受干扰等特点。因此使用时需要选择合适的测量电路才能发挥其作用。测量电路不仅能使其正常工作,还能在一定程度上克服传感器本身的不足,并对某些参数进行补偿,扩展其功能,改善线性和提高灵敏度。要使传感器的输出信号能用于仪器、仪表的显示或控制,一般要对输出信号进行必要的加工处理。

2.1　传感器测量电路的作用

2.1.1　测量电路的基本概念及要求

在传感技术中,通常把对传感器的输出信号进行加工处理的电子电路称为传感器测量电路。传感器的输出信号一般具有如下特点:

① 传感器输出信号有模拟信号、数字信号和开关信号等。

② 传感器输出信号的种类有电压、电流、电阻、电容、电感及频率等,输出信号通常是动态的。

传感器测量
电路的作用

③ 传感器的动态范围大。

④ 输出的电信号一般都比较弱,如电压信号通常为 $\mu V \sim mV$ 级,电流信号为 $\mu A \sim mA$ 级。

⑤ 传感器内部存在噪声,输出信号会与噪声信号混合在一起。当噪声比较大而输出信号又比较弱时,常会使有用信号淹没在噪声之中。

⑥ 传感器的大部分输出-输入关系曲线呈线性。有时部分传感器的输出-输入关系曲线是非线性的。

⑦ 传感器的输出信号易受温度的影响。

2.1.2　测量电路的作用

在各种数控设备及自动化仪表产品中,对被测量的检测控制和信息处理均采用计算机来实现。因此,传感器输出信号需要通过专门的电子电路进行必要的加工、处理后才能满足要求。比如,需要将电参数的变化转换成电量的变化,将弱信号放大,滤除信号中无用的杂波和干扰噪声,校正传感器的非线性,补偿环境温度对传感器的影响,进行 A/D 转换成输入计算机的数字信号,或是将传感器的输出信号转换成数字编码信号等。传感器的输出信号经过加工后可以提高其信噪比,并易于传输和与后续电路环节相匹配。传感器测量电路可由各种单元电路组成。常用的单元电路有:电桥电路、谐振电路、脉冲调宽电路、调频电路、取样保持电路、A/D 和 D/A 转换电路、调制解调电路。随着计算机技术和微电子技术的进一步发展,各种数字集成块及专用模块的应用会越来越广泛。

在测量系统中,传感器测量电路只是一个中间环节。根据测量项目的要求,测量电路有时可能只是一个简单的转换电路,有时则要与数台为了完成某些特定功能的仪器、仪表相组合。传感器测量电路前、后两端的配置如图 2-1 所示。

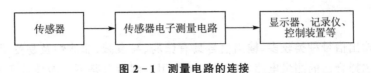

图 2-1 测量电路的连接

2.1.3 测量电路的要求

选用传感器测量电路主要是根据传感器输出信号的特点、装置和设备等对信号的要求来确定的,还要考虑工作环境和整个检测系统对它的要求,并采取不同的信号处理方式。一般情况下,应考虑如下几个方面的要求:

① 在测量电路与传感器的连接上,要考虑阻抗匹配以及电容和噪声的影响。

② 放大器的放大倍数要满足显示器、A/D 转换器或 I/O 接口对输入电压的要求。

③ 测量电路的选用要满足自动控制系统的精度、动态特性及可靠性要求。

④ 测量电路中采用的元器件应满足仪器、仪表或自动控制装置使用环境的要求。

⑤ 测量电路应考虑温度影响及电磁场的干扰,并采取相应的措施进行补偿修正。

⑥ 电路的结构、电源电压和功耗要与自动控制系统整体相协调。

2.2 传感器测量电路的类型及组成

由于传感器品种繁多,输出信号的形式各不相同,因此其输出特性也不一样。后续仪器、仪表和控制装置等对测量电路输出电压的幅值和精度要求也各不相同,所以构成测量电路的方式和种类也不尽相同。下面对几种典型的传感器测量电路进行简要介绍。

传感器测量电路的
类型及组成

2.2.1 模拟电路

在测量电路中,模拟电路是传感器测量电路中最常用、最基本的电路。当传感器的输出信号为动态的电阻、电容和电感等电参数时,或以电压、电荷和电流等电量变化时,通常由模拟电路将信号按模拟电路的制式传输到测量系统的终端。其测量电路的基本组成见图 2-2。

实际使用时要根据传感器输出信号的类型选择合适的测量电路,选择方式如下:

① 若传感器的输出已经是电参量,则不需要基本转换电路;如果传感器的输出是一些变化的电参数,则需要通过基本电路将其转换成电参量。常用的基本转换电路有电桥电路、调频电路、分压电路、运算电路和脉冲调制电路等。

② 为了使测量信号具有区别于其他杂散信号的特征,提高其抗干扰能力,可采用"调制"的方法对信号进行处理。调制就是利用被测的低频信号去控制高频振荡中的某个参数(幅值、频率或相位),使其随被测低频信号的变化而变化。信号的调制常在传感器或基本转换电路中进行,也可在转换成电量后再调制。经调制后的高频波在放大后采用解调器使信号恢复原

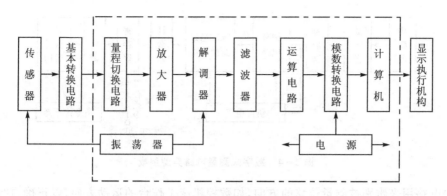

图 2 - 2　模拟式测量电路组成

有形式,再通过滤波器将代表被测量的有用信号提取出来。

　　③ 量程切换电路是为适应不同测量范围的参数需要而设置的。

　　④ 有些被测参数,要求数字显示或送入计算机进行处理,这就需要采用 A/D 转换电路。

2.2.2　开关型测量电路

　　传感器的输出信号为开关信号(如光线的通断信号或电触点通断信号等)时的测量电路称为开关型测量电路,如图 2 - 3 所示。从图中可以看出,这种测量电路实质上是一个功放电路。其中图 2 - 3(a)中只有当开关 S 触点闭合,继电器 K 吸合时,才有放大信号输出;图 2 - 3(b)中只有开关断开后,继电器 K 才能吸合;而图 2 - 3(c)、图 2 - 3(d)中的信号是靠光电器件来控制的,其中图 2 - 3(c)中要使继电器 K 吸合,光电器件必须有光照才行;而图 2 - 3(d)则是在无光照、光电器件不工作时才能使继电器吸合。放大信号的生成与消失正是在有关器件触点的闭合与断开过程中完成的。这种开关型电路只能提供"吸合"与"断开"两种状态,是目前传感器开关型测量电路中比较常见的形式。

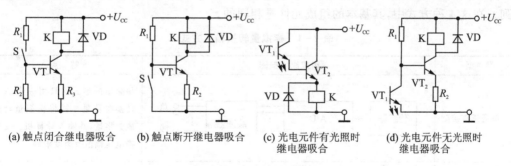

(a) 触点闭合继电器吸合　(b) 触点断开继电器吸合　(c) 光电元件有光照时　　(d) 光电元件无光照时
　　　　　　　　　　　　　　　　　　　　　　　　　 继电器吸合　　　　　　 继电器吸合

图 2 - 3　开关型测量电路

2.2.3　数字式测量电路

　　在实际应用中,可根据不同的数字式传感器的信号特点选择合适的测量电路。光栅、磁栅及感应同步器等数字式传感器输出的是增量码信号,其测量电路的典型组成见图 2 - 4。

　　传感器的输出经放大、整形后成为数字脉冲信号。为了提高传感器的分辨力,常采用细分电路使传感器的输出在一个变化周期内不是只输出一个脉冲,而是输出 n 个脉冲,n 为细分

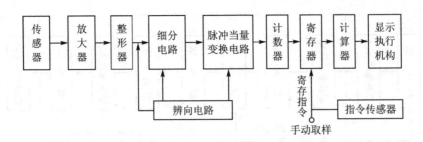

图 2-4　数字式测量电路典型组成

数。辨向电路用来辨别被测量位移的方向,如数控机床工作台的运动方向,以正确进行加法或减法计数。在有些情况下,如激光干涉测长,工作台每移动 λ/2 波长,信号就变化一个周期。λ 是一个不便读出的量,如工业标准状态下,波长 λ＝0.316 419 8 m,而为了便于读出,就需要脉冲当量变换,将它化为便于读出的单位。而当需要取样时,可手动或由指令传感器发出标记取样信号,将所计数值送入锁存器。需要时就直接或经计算机计算后去驱动显示执行机构。

在传感器的使用中,有相当一部分测量值要用计算机进行处理。因而在确定检测系统和搭接测量线路时,还须考虑输入计算机的信息必须是能被接收、处理的数字量信号。根据传感器输出信号的不同,通常有下面 3 种相应的接口方式:

① 模拟量接口方式:传感器输出信号→放大→取样/保持→模拟多路开关→A/D 转换→I/O 接口→计算机。

② 开关量接口方式:开关型传感器输出(逻辑 1 或 0)信号→缓冲器→计算机。

③ 数字量接口方式:数字式传感器输出数字信号(二进制代码、BCD 码及脉冲序列等)→计数器→缓冲器→计算机。

根据模拟量转换输入的精度、速度与通道等因素要求,又有 4 种转换输入方式,如表 2-1 所列。在这 4 种方式中,其基本的组成元件是相同的。

表 2-1　模拟量转换输入方式

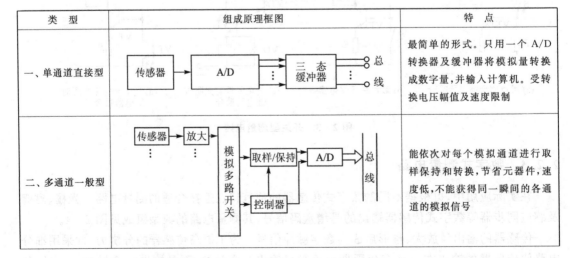

类　型	组成原理框图	特　点
一、单通道直接型	传感器 → A/D → 三态缓冲器 → 总线	最简单的形式。只用一个 A/D 转换器及缓冲器将模拟量转换成数字量,并输入计算机。受转换电压幅值及速度限制
二、多通道一般型	传感器 → 放大 → 模拟多路开关 → 取样/保持 → A/D → 总线；控制器	能依次对每个模拟通道进行取样保持和转换,节省元器件,速度低,不能获得同一瞬间的各通道的模拟信号

类　型	组成原理框图	特　点
三、多通道同步型	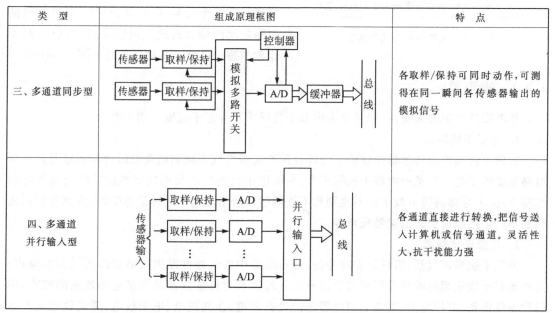	各取样/保持可同时动作,可测得在同一瞬间各传感器输出的模拟信号
四、多通道并行输入型		各通道直接进行转换,把信号送入计算机或信号通道。灵活性大,抗干扰能力强

注:表中第二、三、四种输入方式通常又被称为数据采集系统。

2.3　噪声与抗干扰技术

在传感器电路的信号输入/输出转换过程中,所出现的与被测量无关的随机信号称为噪声。

在信号提取与传递过程中,噪声信号常叠加在有用信号上,使有用信号发生畸变而造成测量误差,严重时甚至会将有用信号淹没其中,使测量工作无法正常进行。这种由噪声所造成的不良效应称为干扰。

噪声与抗干扰
技术

由于传感器或检测装置需要工作在各种不同的环境中,于是噪声与干扰作为一种输入信号进入传感器与检测系统中。如图 2-5 所示,为了减小测量误差,在传感器及检测系统设计与使用过程中,应尽量减少或消除噪声干扰影响因素的作用。使用传感器时需注意下面几个问题:

① 使用传感器时,灵敏度这项指标不宜选得太高,尤其是使用环境比较恶劣、复杂时要根据测量项目的精度要求选择合适的传感器的灵敏度等级。

② 降低外界因素对传感器实际作用的功率。在选择传感器及其测量系统时,必须要对周边环境的噪声来源及种类有所了解。对那些影响比较

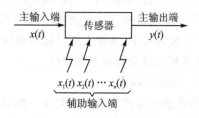

图 2-5　内、外影响因素对传感器的作用

大的噪声与干扰必须采取强有力的抑制措施。下面以噪声干扰为例,简要分析如下。对于噪声干扰问题,一要解决噪声的来源问题(即形成噪声的根源),二要解决噪声信号是如何进入测量系统的。只有采取相应的措施才能达到消除或减少干扰的目的。

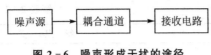

图 2-6 噪声形成干扰的途径

对由传感器形成的测量装置而言,形成噪声干扰通常有3个要素:噪声源、通道(噪声源到接收电路之间的耦合通道)、接收电路(指那些对噪声比较敏感的电路),其相互关系如图2-6所示。

2.3.1 噪声源

噪声按其产生的来源,一般可分为内部干扰噪声和外部干扰噪声两大类。

1. 内部干扰噪声

内部干扰噪声指传感器测量装置元器件的性能或电气参数随机变动时对传感器及其测量电路形成的干扰。常见的内部干扰噪声有:由电阻中自由电子和不规则热运动所引起的电阻热噪声;由半导体内带电粒子的不规则和不连续运动所引起的半导体散弹噪声;由两种材料之间的不完全接触所引起的接触噪声等。

2. 外部干扰噪声

外部干扰噪声包括:机械振动或冲击,使传感器中的元器件发生振动变形而引起的噪声;射线辐射干扰引起的噪声及测量装置以外的各种因素对传感器及其测量电路造成的噪声;由各种电气设备、高压电网、雷电和放电器等的火花放电、弧光放电、电晕放电、辉光放电所产生的放电噪声;由工频、高频和射频等大功率设备、电子开关、脉冲发生器等的感应干扰所产生的电磁噪声;由环境温度、湿度、光照及振动等生成的环境噪声等。

2.3.2 耦合通道

干扰噪声进入传感器及其测量电路的通道,通常是以对干扰信号的耦合方式进行的,故又称之为耦合。耦合通道的形式有以下几种。

1. 电容性耦合

由信号线之间的分布电容产生的耦合称为电容性耦合,即两个电路之间存在寄生电容,可使一个电路的电荷变化影响到另一个电路。电容性耦合传播的途径是电场。在实际应用中,可以适度地改变导线的方向并进行屏蔽;或尽量加大两导线间的距离(当距离大于导线直径40倍以上时,分布电容将迅速减小,起到抑制干扰的效果)。

2. 共阻抗耦合

共阻抗耦合形成的干扰是由于两个电路共有阻抗,当一个电路有电流流过时,通过共有阻抗在另一个电路中产生干扰电压。例如,几个电路由同一个电源供电时,会通过电源内阻互相干扰,在放大器中,各放大级通过接地线电阻互相干扰。要消除这一干扰就必须先去除公共阻抗,将测量电路重新布局和接线。

3. 漏电流耦合

漏电流耦合产生的干扰是由于绝缘不良,由流经绝缘电阻的漏电流引起的噪声干扰。漏电流耦合干扰经常发生在下列情况下:

① 当用传感器测量较高的直流电压时。

② 在传感器附近有较高的直流电压源时。

③ 在高输入阻抗的直流放大电路中。

在测量电路中为了消除漏电流引起的干扰,一般采用提高绝缘性能的等级和采取相应的防护措施。

在测量系统中,一旦噪声干扰或其他干扰越过通道进入实际接收电路后,如不采取措施就必然对测量结果造成影响。所以接收电路在抑制和消除噪声干扰的过程中,除了确定噪声源和破坏噪声源到接收电路之间的耦合通道外,还要考虑接收电路的设计。

2.3.3　抗干扰技术

1. 静电屏蔽

在静电场中,密闭的空心导体内部无电力线,即内部各点等电位。静电屏蔽就利用这个原理,以铜或铝等导电性良好的金属为材料,制作封闭的金属容器,并与地线连接,把需要屏蔽的电路置于其中,使外部干扰电场的电力线不影响其内部的电路;反过来,内部电路产生的电力线也无法影响外电路。必须说明的是,作为静电屏蔽的容器壁上允许有较小的孔洞(作为引线孔),它对屏蔽的影响不大。在电源变压器的一次侧和二次侧之间插入一个留有缝隙的导体,并将它接地也属于静电屏蔽,可以防止两绕组间的静电耦合。

2. 磁屏蔽

对于低频磁场的干扰,此时可采用强磁材料做成屏蔽体对干扰信号加以屏蔽。由于强磁材料的磁阻极小,这样就可为干扰源的磁通提供一个低磁阻通道,并使其限制在强磁屏蔽体内,从而达到屏蔽的目的。屏蔽体的磁阻越小,厚度越大,屏蔽的效果越好。若采用相互具有一定间隔的两个以上的同心屏蔽体,则效果更佳。但屏蔽体的半径不宜过大,半径过大,屏蔽效果反而变差。

3. 接　地

测量装置接地的目的有两个:一是为了安全;二是为了给装置的电路提供一个基准电压,并给因高频形成的干扰提供一个工作接地。测量装置中的地线,除特别说明接大地外,一般情况都是指作为电信号的基准电位的信号地线。信号地线是各级电路中静态、动态电流的通道,这个通道若设置不当,将会有电路通过某些共同的接地阻抗而相互耦合后引起内部干扰。因此,测量装置的接地正确、良好与否是抑制干扰、保证测量结果准确可靠的关键。安全接地一般采用一点接地方式。而工作接地按工作电流的频率不同有一点接地和多点接地两种。低频时通常采用一点接地;而高频时,通常采用多点接地。接地方式如图 2-7 所示。

图 2-7 中的 R,L 为接地引线的电阻和电感,这几种接地方式有如下特点:

① 串联一点接地:各接地点电位不同,并受其他电路工作电流的影响。引线较少,布线简单。当各电路的电平相差不大时,常常采用这种方式。

② 并联一点接地:各电路地电位仅与本电路的地电流和地电阻有关,低频时常采用该方式。

③ 串、并联一点接地:兼有串联接地布线简单、并联接地点不存在共阻抗噪声干扰的优点,适用于低频测量系统。

④ 高频时,为了减少接地引线阻抗,各接地点分别就近接在接地汇流排或底座、外壳等金属构件上。

一般情况下,作为整个测量装置的接地线系统,至少要有 3 种分开的地线,如图 2-8 所示。图中的 3 条地线应连在一起,并通过一点去接地,从而消除各接地线之间的相互干扰。

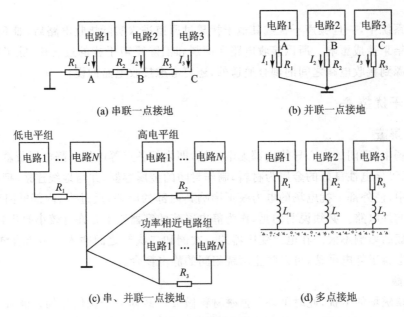

(a) 串联一点接地   (b) 并联一点接地

(c) 串、并联一点接地   (d) 多点接地

图 2-7   接地方式

4. 浮置

浮置又称浮空、浮接。它指的是测量装置中信号放大器的公共线不接地也不接机壳,而采用悬浮起来的方式。浮置与接地是两种相反的抗干扰手段,前者是阻断噪声干扰通道,而后者则是给噪声干扰信号提供一个良好的接地通道。测量系统一旦被浮置后,将明显增大系统公共线与地之间的阻抗,反而大大减小共模干扰电流,起到减少或抑制干扰的作用。

5. 光电耦合

使用光电耦合器是切断地环路电流干扰的十分有效的方法,其原理如图 2-9 所示。由于两个电路之间采用了光电耦合,所以能把两个电路的地电位完全隔开。这样,两个电路的地电位即使不同也不会造成干扰。

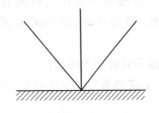

图 2-8   3 种接地线一点接地

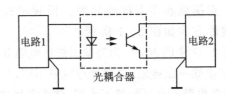

图 2-9   用于断开地环路的光电耦合器

6. 滤波技术

滤波器是抑制噪声干扰的重要技术之一。所谓滤波技术就是用电容和电感线圈或电容和电阻组成滤波器接在电源输出端、测量线路输入端、放大器输入端或测量桥路与放大器之间,以阻止干扰信号进入放大器,使干扰信号衰减。常用的是 RC 型、LC 型及双 T 型等形成的无源滤波器或有源滤波器。

习　题

1. 传感器输出信号有哪些特点？
2. 传感器测量电路的主要作用是什么？
3. 对传感器测量电路的要求有哪些？
4. 传感器测量电路有哪些类型，其主要功能是什么？
5. 为什么要对传感器测量电路采取抗干扰措施？
6. 测量装置常见的噪声干扰有哪几种？通常可采取哪些措施予以防止？
7. 屏蔽有哪几种形式？各起什么作用？
8. 接地有哪几种形式？各起什么作用？

第 3 章 电阻式传感器

电阻式传感器种类很多,其基本原理是将被测信号的变化转换成电阻值的变化,因此被称为电阻式传感器。利用电阻式传感器可进行位移、形变、力、力矩、加速度、气体成分、温度及湿度等物理量的测量。由于各种电阻材料在受到被测量作用时转换成电阻参数变化的机理各不相同,因而在电阻式传感器中就形成了许多种类。本章主要介绍电阻应变片式传感器、气敏电阻传感器、湿敏电阻传感器、热电阻传感器和热敏电阻传感器。

3.1 电阻应变片式传感器

电阻应变片式传感器是一种电阻式传感器。将电阻应变片粘贴在各种弹性敏感元器件上,加上相应的测量电路后即可构成电阻应变片式传感器。这种传感器具有结构简单、使用方便、性能稳定可靠、易于自动化,可多点同步测量、远距离测量和遥测等特点,并且测量的灵敏度、精度和速度都很高。利用电阻应变片式传感器可测量力、位移、加速度和形变等参数。

电阻应变(片)式
传感器

3.1.1 应变效应

导体或半导体材料在外界力作用下产生机械形变,其电阻值发生变化的现象称为应变效应。电阻应变片就是利用这一现象而制成的。其电阻为

$$R = \rho \frac{L}{A} = \rho \frac{L}{\pi r^2} \qquad (3-1)$$

式中,ρ——电阻率,$\Omega \cdot m$;

A——电阻丝截面积,mm^2;

L——电阻丝长度,m。

当沿金属丝的长度方向施加均匀力时,式(3-1)中 ρ、L、r 都将发生变化,导致电阻值发生变化。电阻应变片的电阻应变 $\varepsilon_R = \Delta R/R$ 与电阻应变片的纵向应变的关系在很大范围内是线性的,即

$$\varepsilon_R = \frac{\Delta R}{R} = K\varepsilon_x \qquad (3-2)$$

式中,$\dfrac{\Delta R}{R}$——电阻应变片的电阻应变;

K——电阻丝的灵敏度。

电阻应变片的电阻变化范围很小,因此测量转换电路应当精确地测量出这些微小变化。

3.1.2 应变片的结构类型与主要参数

1. 应变片的结构类型

金属电阻应变片由敏感栅、基片、覆盖层和引线等组成。图 3-1 所示为金属电阻丝应变

片结构示意。其中，l 为应变片的标距或工作基长；b 为应变片基宽；$b \times l$ 为应变片的使用面积。应变片规格一般用面积或电阻值来表示，如 5 mm×10 mm 或 100 Ω。

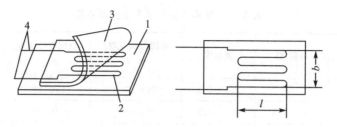

1—基片；2—敏感栅；3—覆盖层；4—引线

图 3 - 1　金属电阻应变片的结构

敏感栅是应变片的核心部分。它粘贴在绝缘的基片上，其上粘贴有起保护作用的覆盖层，两端焊接引出导线。

电阻应变片的类型有金属应变片和半导体应变片两种，如图 3 - 2 所示。

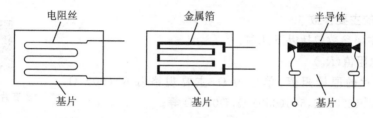

图 3 - 2　电阻应变片

金属应变片常用基片有纸基和胶基。金属应变片可分为金属丝式应变片、箔式应变片、薄膜式应变片和半导体应变片。

① 金属丝应变片。金属丝应变片因其具有精度高、测量范围大、易于制作及性能稳定的特点而被广泛应用。

② 箔式应变片。箔式应变片是利用光刻、腐蚀等工艺制成的一种很薄的金属箔栅，其厚度一般为 0.003～0.01 mm。其优点是散热好，允许通过的电流较大，蠕变较小，可制成各种所需的形状，便于批量生产。

③ 薄膜式应变片。薄膜式应变片是采用真空蒸镀、沉淀等方法在薄膜的绝缘基片上形成很薄的金属电阻薄膜的敏感层，最后再加上保护层制成的。它的优点是应变灵敏度系数大，允许电流密度大，工作范围广，便于工业化生产，因此发展较快。

④ 半导体应变片。半导体应变片是利用半导体应变材料作敏感栅而做成的。其工作原理是，基于半导体材料压阻效应，即半导体材料在某一轴向受外力作用时，其电阻率 ρ 发生变化的现象。其电阻相对变化为

$$\frac{\Delta R}{R} = (1 + 2u)\varepsilon + \frac{\Delta \rho}{\rho} \tag{3 - 3}$$

式中，u——电子迁移率。

半导体应变片的特点是灵敏度高、热稳定差、电阻与应变区非线性区域大，应用时须进行温度和非线性补偿。随着半导体技术和集成电路的快速发展，一些以单晶硅为膜片采用集成电路工艺制成的半导体应变片，具有便于规模生产和高性价比的优势，因此发展迅速，前景

广阔。

表 3-1 列出了常用应变片的主要技术参数。

表 3-1　常用应变片的主要技术参数

型　号	电阻/Ω	灵敏度	电阻温度系数/℃$^{-1}$	极限工作温度/℃	最大工作电流/mA
PZ-120	120	1.9~2.1	$20×10^{-6}$	-10~$+40$	20
PJ-120	120	1.9~2.1	$20×10^{-6}$	-10~$+40$	20
BX-200	200	1.9~2.2	—	-30~$+60$	25
BA-120	120	1.9~2.2	—	-30~$+200$	25
Bll-350	350	1.9~2.2	—	-30~$+170$	25
PBD-1K	1 000(1±10%)	140(1±5%)	<0.4%	<60	15
PBD-120	120(1±10%)	120(1±5%)	<0.2%	<60	25

2. 应变片的主要参数

应变片的主要参数包括以下几项：

（1）标准电阻值（R_0）

R_0 指应变片的原始阻值，单位为 Ω，主要规格有 60（90）Ω，120（150）Ω，200（250）Ω，500（650）Ω，1 000 Ω 等。

应变片的主要参数

（2）绝缘电阻（R_C）

绝缘电阻指敏感栅与基片之间的电阻值，一般应大于 10 MΩ。

（3）灵敏系数（K）

K 指应变片在其轴线方向上的应力作用下，应变片电阻值相对变化与应变区域的轴向之比。

（4）应变极限（ξ_m）

ξ_m 指恒温时的指示应变值和真实应变值的相对差值不超过一定数值的最大真实应变值。这种差值一般规定为 10%，当指示应变值大于真实应变值的 10% 时，真实应变值就称为应变片的应变极限。

（5）允许电流（I_e）

I_e 指应变片允许通过的最大电流。

（6）机械滞后

机械滞后指，当温度一定时，所粘贴的应变片在增加或减少机械应变过程中约定应变之间的差值。

（7）蠕　变

蠕变是指当温度一定时，已粘贴好的应变片指示值随时间的变化量。

（8）零　漂

零漂指在温度一定无机械应变时，指示应变值随时间的变化量。

3.1.3　应变片的粘贴

应变片的粘贴质量直接影响应变测量的精度。应严格按工艺要求粘贴应变片，其具体要求如下：

1. 试件的表面处理

为了保证一定的黏合强度，必须将试件表面处理干净，清除杂质、油污及表面氧化层等。粘贴表面应保持平整光滑。

2. 确定贴片位置

在应变片上标出敏感栅的纵、横向中心线，在试件上按照测量要求画出中心线。粘贴时，应变片中心线与定位中心线对齐。

3. 粘贴应变片

在处理好的粘贴位置和应变片基底上各涂抹一层薄薄的黏合剂，根据黏合剂的要求稍等一段时间后，将应变片粘贴到预定位置上。同时在应变片上加一层玻璃纸或一层透明的塑料薄膜，并用手轻轻沿轴向滚压，挤出多余的黏合剂，使黏合剂层的厚度尽可能薄。

4. 固化处理

粘贴好的应变片应按照黏合剂的固化要求进行固化处理。

5. 引出线的固定与保护

将粘贴好的应变片引出线用导线焊接好。为防止应变片电阻丝和引出线被拉断，需要用胶布将电阻丝和引出线固定在被测物表面，且要处理好导线与被测物体之间的绝缘问题。

6. 检查粘贴质量

检查步骤如下：

① 检查应变片粘贴的位置是否正确，黏合层是否有气泡，粘贴是否牢固，有无短路、断路等现象。

② 对粘贴前后的应变片电阻值进行检查，不应有较大的变化。

③ 对应变片与被测物体之间的绝缘电阻进行检查，一般应大于 200 MΩ。用于检查的电压一般设定在 250 V 以下，且检查通电的时间不宜过长，防止应变片被击穿。

3.1.4　测量转换电路

电阻应变片的电阻变化范围很小，因而测量转换电路要能精确地测量出这些电阻的变化，须将电阻应变片感受到的电阻变化率 $\Delta R/R$ 变换成电压（或电流）信号，再经过放大器将信号放大、输出。测量电路有多种，惠斯登电桥电路是最常用的电路，如图 3-3 所示。惠斯登电桥的连接方式如图 3-4 所示。

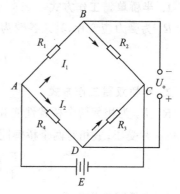

图 3-3　惠斯登电桥电路

设电桥各桥臂电阻分别为 R_1、R_2、R_3、R_4，其中任一桥臂都可以是电阻应变片。电桥的 A、C 为输入端，接电源 E，B、D 为输出端，输出电压为 U_{BD}。从 ABC 半个电桥来看，A、C 间的电压为 E，流经 R_1 的电流为 $I_1 = E/(R_1+R_2)$，R_1 两端的电压降为 $U_{AB}=I_1R_1=R_1E/(R_1+R_2)$；同理，$R_4$ 两端的电压降为 $U_{AD}=I_3R_4=R_4E/(R_3+R_4)$，因此可得电桥的输出电压为

$$U_o = U_{DB} = U_{AB} - U_{AD} = \frac{R_1E}{R_1+R_2} - \frac{R_4E}{R_3+R_4} = \frac{(R_1R_3-R_2R_4)E}{(R_1+R_2)(R_3+R_4)} \quad (3-4)$$

由式(3-4)可知,当 $R_1 R_3 = R_2 R_4$ 时,输出电压 U_o 为 0,电桥平衡。

设电桥的四个桥臂与粘在构件上的 4 枚电阻应变片连接,当构件变形时,其电阻值的变化分别为:$R_1 + \Delta R_1$、$R_2 + \Delta R_2$、$R_3 + \Delta R_3$、$R_4 + \Delta R_4$,此时电桥的输出电压为

$$U_o = E \frac{(R_1 + \Delta R_1)(R_3 + \Delta R_3) - (R_2 + \Delta R_2)(R_4 + \Delta R_4)}{(R_1 + \Delta R_1 + R_2 + \Delta R_2)(R_3 + \Delta R_3 + R_4 + \Delta R_4)} \qquad (3-5)$$

经整理、简化并略去高阶小量,可得

$$U_o = E \frac{R_1 R_2}{(R_1 + R_2)^2} \left(\frac{\Delta R_1}{R_1} - \frac{\Delta R_2}{R_2} + \frac{\Delta R_3}{R_3} - \frac{\Delta R_4}{R_4} \right) \qquad (3-6)$$

当四个桥臂电阻值均相等时,即 $R_1 = R_2 = R_3 = R_4 = R$,且它们的灵敏度 K(即单位应变的电阻相对变化率)均相同,根据

$$K = (\Delta R / R) / \varepsilon \qquad (3-7)$$

其中,ε 为应变极限。可得

$$\Delta R / R = K \varepsilon \qquad (3-8)$$

将式(3-8)代入式(3-6),则电桥输出电压为

$$U_o = \frac{E}{4} K (\varepsilon_1 - \varepsilon_2 + \varepsilon_3 - \varepsilon_4) \qquad (3-9)$$

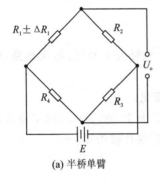 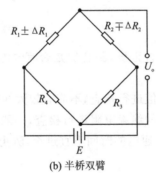 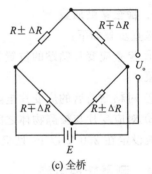

(a) 半桥单臂   (b) 半桥双臂   (c) 全桥

图 3-4 惠斯登电桥的连接方式

1. 半桥单臂工作方式

R_1 为受力应变片,其余各臂为固定电阻,则式(3-9)变为

$$U_o = \frac{E}{4} \left(\frac{\Delta R_1}{R_1} \right) = \frac{E}{4} K \varepsilon_1 \qquad (3-10)$$

2. 半桥双臂工作方式

R_1、R_2 为相邻两个桥臂性能和指标完全相同的工作应变片(R_3、R_4 为固定电阻),一片受拉,另一片受压;或相对两个桥臂同时受拉或受压,则输出电压变为

$$U_o = \frac{E}{4} \left(\frac{\Delta R_1}{R_1} - \frac{\Delta R_2}{R_2} \right) = \frac{E}{4} K (\varepsilon_1 - \varepsilon_2) \qquad (3-11)$$

3. 全桥臂工作方式

当各桥臂应变片的灵敏度相同时,输出电压 U_o 可用式(3-9)计算。

综合上述 3 种情况可以得出,桥臂数越多,供桥电压 E 越大,电桥电路的灵敏度愈高,输出电压也越高。

3.1.5 温度误差及补偿

在实际应用中,温度变化也会导致应变片电阻变化,它将给测量带来误差,因此需要对桥路进行相应的温度补偿。温度补偿一般采用补偿块补偿法或桥路自补偿法。

1. 补偿块补偿法

采用单臂半桥测量电路,如图 3-5 所示,试件上表面某一点发生应变时,可采用两片型号、初始电阻值和灵敏度都相同的应变片 R_1 和 R_2,R_1 贴在试件的测试点上,R_2(称为温度补偿片)贴在试件的零应变处(图中试件的中线上不受应变力作用),或贴在补偿块上。R_1,R_2 处于相同温度环境中,按图 3-4(b)所示方式接入,则有

$$\Delta U_0 = \frac{U}{4}\left(\frac{\Delta R_{1\varepsilon} + \Delta R_{t1}}{R_1} - \frac{\Delta R_{t2}}{R_2}\right) \tag{3-12}$$

式中,$\Delta R_{1\varepsilon}$——试件受力后应变片 R_1 产生电阻的增量;

ΔR_{t1},ΔR_{t2}——由温度变化引起的 $R_1 \sim R_2$ 的电阻增量。

由于 $R_1 = R_2$,且 R_1,R_2 所处的温度环境相等,因此 $\Delta R_{t1} = \Delta R_{t2}$,由温度引起的电阻变化相互抵消,故输出的 ΔU_0 为

$$\Delta U_0 = \frac{U}{4}\frac{\Delta R_1}{R_1} \tag{3-13}$$

2. 桥路自补偿法

桥路自补偿法与补偿块补偿法的工作原理和补偿方式很相似,如图 3-6 所示,电桥相邻的两臂 R_1,R_2 置于相同的环境下,受温度变化引起的应变片的电阻变化量相同,即 $\Delta R_{t1} = \Delta R_{t2}$。由于 R_1,R_2 分别接在电桥相邻的两个臂上,因此温度变化引起的电阻变化可相互抵消。其输出为

$$\Delta U = \frac{U}{4}\left(\frac{\Delta R_1}{R_1} - \frac{\Delta R_2}{R_2}\right) = \frac{U}{4}(\varepsilon_1 - \varepsilon_2) \tag{3-14}$$

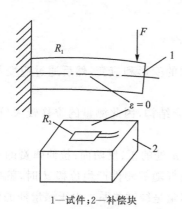

1—试件;2—补偿块

图 3-5 补偿块温度补偿示意

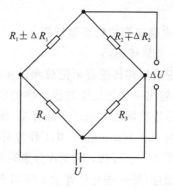

图 3-6 桥路自补偿法

3.1.6 电阻应变片式传感器的集成与应用

1. 集成应变片传感器

随着微电子技术的发展,利用半导体压阻效应,以单晶硅膜片作为敏感元件,在膜片上采

用集成工艺制作成电阻网络,组成惠斯通电桥,与双极运算放大器集成在一块芯片上。当膜片受力后,4个电阻阻值发生变化,集成块输出高精度、带温度补偿,且与压力成正比的模拟信号。图3-7、图3-8分别是集成应变片式传感器 MPXH6300A 系列的外形图和内部结构图。

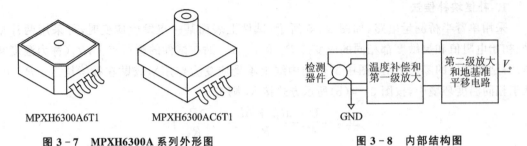

图3-7 MPXH6300A 系列外形图   图3-8 内部结构图

(1) 外形图内部结构

MPXH6300A 系列引脚见表3-2。

表3-2 MPXH6300A 系列引脚表

引脚号	符 号	功 能
2	V_B	电源正
3	GND	地
4	V_o	输出
其他	N/C	空(不能接地或外部电路)

(2) 应用电路

MPXH6300A 使用非常简便,外围元件很少,可直接与 A/D 相连,其应用电路如图3-9所示。

2. 电阻应变式传感器应用

(1) 位移传感器

应变式位移传感器可把被测位移量转换成弹性元件的变形和应变,然后通过应变片和应变电桥,输出一个正比于被测位移的电量。

这种传感器由于采用了悬臂梁-螺旋弹簧串联的组合结构,因此测量的位移较大(通常测量范围为10~100 mm)。其工作原理如图3-10所示。

由图3-10可知,应变片分别贴在距悬臂梁根部为 a 处的正、反两面;拉伸弹簧的一端与测量杆相连,另一端与悬臂梁上端相连。测量时,当测量杆随被测件产生位移 d 时,就要带动弹簧,使悬臂梁弯曲变形产生应变,其弯曲应变量与位移量呈线性关系。由于测量杆的位移 d 为悬臂梁端部位移量 d_1 和螺旋弹簧伸长量 d_2 之和,因此,由材料力学可知,位移量 d 与贴片处的应变量 e 之间的关系为 $d = d_1 + d_2 = Ke$ (注:K 为比例系数,它与弹性元件尺寸和材料特性参数有关;e 为应变量,它可以通过应变仪测得)。

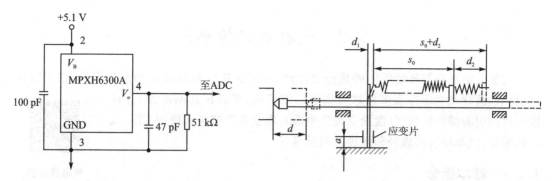

图 3-9 MPXH6300A 系列的典型应用电路　　　　图 3-10 位移传感器工作原理图

（2）压力传感器

图 3-11 所示为筒式压力传感器,它的被测压力 p 作用于筒内腔,使筒发生形变,工作应变片 1 贴在空心的筒壁外感受应变,补偿应变片 2 贴在不发生形变的实心端作温度补偿用。一般可用来测量机床液压系统压力和枪、炮筒腔内压力等。

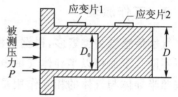

（3）称重传感器信号处理电路

称重传感器信号处理电路如图 3-12 所示,虚线方框部分是 AM 系列称重传感器。无重力信号时,电桥平衡。AR 为零:出现重力时,ΔR 表现为某一数值,物体

图 3-11 筒式压力传感器

越重,ΔR 变化越大,加到运放 FC72C 上的信号也越大。该电路输出电压与重量呈线性关系。由于 A/D 转换的最大输入为 10 V,故要调节 $R_{P1} \sim R_{P3}$,使传感器加满载时,放大器输出电压为 10 V。该电路长时间工作时,漂移小于 1 mV。

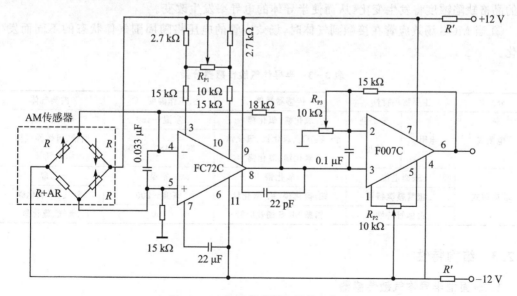

图 3-12 称重传感器信号处理电路

3.2 气敏电阻传感器

气敏电阻是检测环境气体的成分及浓度,并对其进行控制显示的重要元件,在工农业生产、科研、医疗及生活等众多领域得到了广泛应用,如煤矿瓦斯浓度(超极限时可能引起爆炸)、煤气(泄漏会发生中毒)、农业生产塑料大棚中 CO_2 及其他成分、汽车尾气的成分和浓度的测量等。

气敏传感器

3.2.1 基本概念

气敏电阻传感器是一种能把某种气体的成分、浓度等参数转换为电阻、电流、电压信号的传感器,它的传感元件是气敏电阻。气敏电阻一般是用 SnO_2、ZnO 等金属氧化物粉料并添加少量催化剂及添加剂,按比例烧结而成的半导体器件。

3.2.2 工作原理

气敏传感器种类繁多,根据被测气体的种类可选用不同形式的气敏传感器。其工作原理有所不同。下面仅以半导体气敏电阻传感器为例,简要介绍它的工作原理。半导体气敏传感器按照半导体与气体的相互作用是在其表面还是在内部可分为表面型和体型;按照半导体变化的物理性质,又可以分为电阻式和非电阻式两种。半导体气敏元件的分类及有关说明见表 3-3,表中几种典型半导体气敏传感器的工作原理如下:

① 用 SnO_2 和 ZnO 等比较难以还原的金属氧化物所制成的半导体,接触气体时在比较低的温度时就会产生吸附效应,从而改变半导体表面的电位、电导率等。

② $\gamma - Fe_2O_3$ 这一类较容易还原的氧化物半导体在接触到低温下的气体时,半导体材料内的晶格缺陷浓度将发生变化,从而使半导体的电导率发生改变。

③ 当 MOS 场效应管在接触到气体时,场效应管的电压将随周围气体状态的不同而发生变化。

表 3-3 半导体气敏传感器分类

分　类	主要物理特性		传感器举例	工作温度/℃	被测气体
电阻式	电阻	表面型	氧化锡、氧化锌	室温~450	可燃性气体
		体型	$\gamma - Fe_2O_3$、氧化钛、氧化钴、氧化镁、氧化锡	300~450,≥700	酒精、可燃性气体、氧气等
非电阻式	表面电位		氧化银	室温	乙醇
	二极管整流特性		铂/硫化镉、铂/氧化钛	室温~200	氢气、一氧化碳
	晶体管特性		铅栅 MOS 场效应管	150	氢气、硫化氢

3.2.3 结构特性

1. 表面型半导体气敏传感器

表面型半导体气敏传感器是一种利用半导体表面在吸附气体时半导体元件电阻值发生变化的特性制成的传感器。气敏传感器由塑料底座、电极引线、不锈钢外罩、气体烧结体以及包裹在烧结体中的两组铂丝构成,如图 3-13 所示。这种类型的传感器具有气体控制灵敏度高、响应速度快、实用价值大等优点。

测量电路如图 3-14 所示。气敏电阻工作时必须加热到 200~300 ℃。其目的是加速被测物体的化学吸附和电离的过程，并烧去气敏电阻表面的污物。气敏半导体的灵敏度较高，适用于气体的微量检漏、浓度检测或超限报警。控制烧结体的化学成分及加热温度，可以改变它对不同气体的选择性。例如，制成煤气报警器；还可制成酒精检测仪，以防止酒后驾车。目前，气敏传感器已广泛用于石油、化工、电力和家居等各种领域。

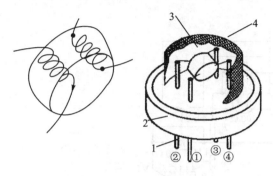

1—引脚；2—底座；3—烧结体；4—网罩；
①～④—两组铂丝的 4 个引脚

图 3-13　气敏传感器结构图

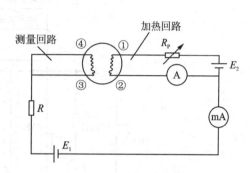

①～④—两组铂丝的 4 个引脚

图 3-14　测量电路

气敏传感器主要用来测量可燃气体，表 3-4 所列是常用的国产气敏传感器的主要特性。

表 3-4　几种国产气敏传感器的主要特性

参　数	型　号			
	UL-206	UL-282	UL-281	MQN-10
检测对象	烟雾	酒精蒸气	煤气	各种可燃性气体
测量回路电压/V	15±1.5	15±1.5	10±1	10±1
加热回路电压/V	5±0.5	5±0.5	清洗 5.5±0.5 工作 0.8±0.1	5±0.5
加热电流/mA	160~180	160~180	清洗 170~190 工作 25~35	160~180
环境温度/℃	-10~+50	-10~+50	-10~+50	-20~+50
环境湿度/%	<95	<95	<95	<95

2. 非电阻式半导体气体传感器

以钯、钢等金属薄膜形成的 MOS 二极管传感器及钯/硫化镉二极管传感器，均可以用来检测氢气的浓度，是目前对氢气成分、浓度等参量进行检查的有效器件。图 3-15 所示为钯-MOS 二极管敏感元件结构示意图。

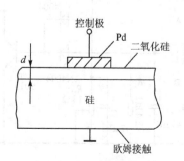

图 3-15　钯-MOS 二极管敏感元件结构示意图

3.2.4　气敏电阻传感器的应用

1. 气敏烟雾报警器

图 3-16 所示为气敏烟雾报警器的电路。当二氧化硅半导体表面吸附了被测气体时,其电导率发生变化,可利用这一原理制作烟雾报警器。当污染气体达到一定浓度时,传感器的电阻受污染气体的作用变小,晶体管 VT 导通继电器,接通报警器或风扇。

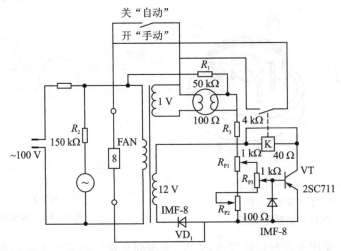

图 3-16　气敏烟雾报警器电路

2. 可燃气体泄漏通风报警电路气敏传感器

图 3-17 所示为可燃气体泄漏通风报警电路。UL-203 与 R_{P1},C_1,R_1,R_2 一起构成气体检测电路,VD_1 和 VD_2 构成或门逻辑电路。三极管 VT 工作在开关状态。μA555 接成双稳态电路模式。SCR 作为一只单向开关。合上开关 K_1,可为电路提供 9 V 左右的直流电源。UL-203 的体电阻随着室内有害气体的浓度的变化而改变。平时,如果室内无有害气体或其浓度在允许范围内,气敏传感器两检测端 A、B 间的阻值较大,使 B 点电位低于 1 V,此时 VD_2,VT 均截止,IC 的 6 脚为高电平,3 脚为低电平,SCR 处于断开状态,换气扇不工作。一

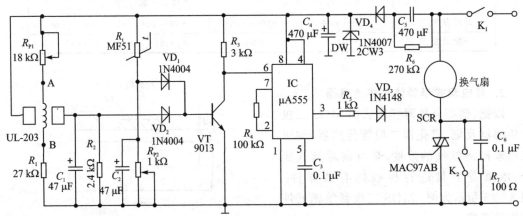

图 3-17　可燃气体泄漏报警通风电路

旦室内的有害气体或油烟放度超过允许值,气敏传感器 A、B 间的阻值迅速减少,使 B 点电位升高,导致 VD_2、VT 导通,IC 的 6 脚电位下降,3 脚输出高电平,于是 SCR 导通,换气扇得电工作,直至室内气体成分恢复正常。此时换气扇停止工作。

当室内无有害气体,室温远低于人体温度(36 ℃)时,因热敏电阻 R_t 的阻值较大,使 E 点电位低于 1 V,此时换气扇不工作。一旦室温上升到接近人体温度时,R_t 的阻值减少,这时 E 点电位升高,换气扇得电工作。直至室温恢复正常值,换气扇才停止工作。

换气扇的工作状态受两种敏感元件的检测信号 V_B 和 V_E 的控制,只有当有害气体和室温均处于正常状态时,换气扇才不工作。两者中只要有一个不正常,换气扇就会旋转。

为了稳定检测信号的幅值,在电路中加入了 C_1 和 C_2。手拉开关 K_2 是为方便使用而增加的,平时处于断开状态。在 SCR 两端并接了 RC 吸收网络,以确保其不被损坏。

3.3　湿敏电阻传感器

3.3.1　基本概念

湿敏电阻传感器能把湿度的变化转换为电阻的变化,以检测空气湿度,其是利用材料的电气性能或机械性能随湿度而变化的原理研制而成的。

3.3.2　工作原理

湿度传感器

湿敏电阻器件在吸湿和脱湿过程中,水分子分解出的 H^+ 离子的传导状态发生变化,从而使湿敏电阻值发生变化。湿敏传感器就是利用这一电阻器件的电阻值随湿气的吸附与脱附而变化的现象制成的,即利用电阻值与所吸附的水分子分解出的 H^+ 的传导有关的现象制成的。陶瓷湿敏电阻传感器即基于此工作原理。

3.3.3　结构特性

1. 陶瓷湿敏电阻传感器

陶瓷湿敏电阻传感器的核心部分是用铬酸镁-氧化钛($MgCr_2O_4 - TiO_2$)等金属氧化物以高温烧结工艺制成的多孔陶瓷半导体。它的气孔率高达 25% 以上,具有 1 μm 以下的细孔分布。与日常生活中常用的结构致密的陶瓷相比,其接触空气的表面显著增大,所以水蒸气极易被吸附于表层及其孔隙之中,使其电导率下降。当相对湿度从 1% 变化到 95% 时,其电阻率变化高达 4 个数量级以上,所以在测量电路中必须考虑采用对数压缩手段。

多孔陶瓷置于空气中易被灰尘、油烟污染,从而使感湿面积下降,如果将湿敏陶瓷加热到 400 ℃ 以上,就会使污物挥发或烧掉,使陶瓷恢复到初期状态,所以必须定期给加热丝通电。陶瓷湿敏传感器吸湿快(10 s 左右),而脱湿要慢许多,从而产生滞后现象,称为湿滞。当吸附的水分子不能全部脱出时,会造成重现性误差及测量误差。有时可用重新加热脱湿的办法解决湿滞。

陶瓷湿敏电阻传感器的结构及测量电路如图 3-18 和图 3-19 所示。

2. 电阻式高分子膜湿度传感器结构和电阻-湿度特性

(1) 结　构

聚苯乙烯磺酸锂湿度传感器的结构如图 3-20 所示。

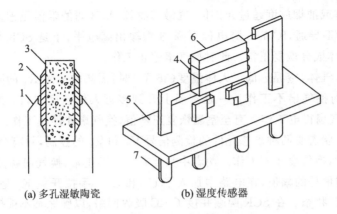

(a) 多孔湿敏陶瓷　　　　(b) 湿度传感器

1—引线；2—多孔性电极；3—多孔陶瓷；4—加热丝；5—底座；6—塑料外壳；7—引脚

图 3-18　湿敏电阻传感器结构图

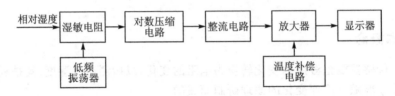

图 3-19　测量电路

(2) 电阻-湿度特性

当环境湿度变化时，传感器在吸湿和脱湿两种情况的感湿特性曲线如图 3-21 所示。在整个湿度范围内，传感器均有感湿特性，其阻值与相对湿度的关系在单对数坐标纸上近似为一条直线。吸湿和脱湿时湿度指示的最大误差值为 3%～4%。

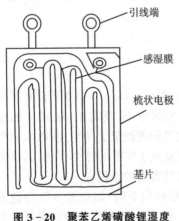

图 3-20　聚苯乙烯磺酸锂湿度传感器的结构

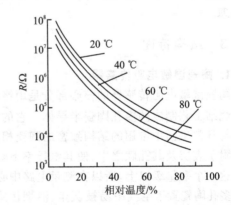

图 3-21　$MgCr_2O_4$-TiO_2 湿度传感器的电阻-湿度特性

3.3.4　测量电路与应用

1. 便携式湿度计的典型电路

该电路使用电桥电路，如图 3-22 所示。振荡器对电路提供交流电源。电桥的一臂为湿度传感器,由于湿度变化使湿度传感器的阻值发生变化,于是电桥失去平衡,产生信号输出,放大器可把不平衡信号加以放大,整流器将交流信号变成直流信号,由直流毫安表显示。振荡器和放大器都由 9 V 直流电源供给。"电桥电路"适合于氯化锂湿度传感器的测量。

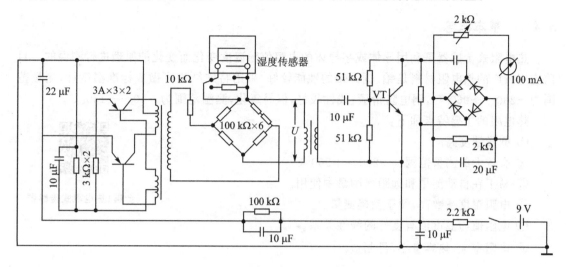

图 3-22　便携式湿度计的典型电路

2. 低湿度检测

图 3-23 所示为一个典型的低湿度传感器检测电路。它采用的是一种由运算放大器和高电阻组成的低湿度检测电路。这种电路即使在相对湿度小于 10% 的大气中也能进行高精度的测量。图中的运算放大器 A_1,A_2,A_3 为传感器信号的初级放大和差分放大电路,它不受运算放大器偏置后导致的温度漂移及频率噪声的影响,可稳定地检测到传感器的输出信号。A_1,A_2,A_3 则是该传感器的线性修正电路和采用热敏电阻做温度补偿的电路。

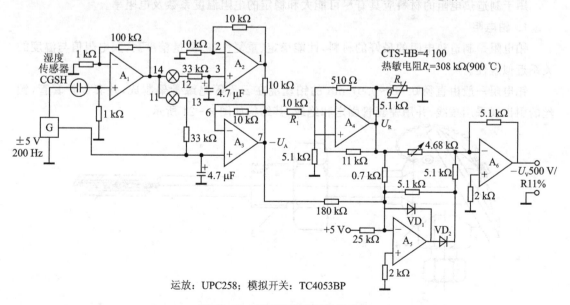

运放:UPC258;模拟开关:TC4053BP

图 3-23　低湿度传感器检测电路

3.4 热电阻传感器

3.4.1 基本概念

热电阻式传感器是利用导体或半导体的电阻值随温度变化而变化的原理进行测温的。目前应用较广的热电阻材料是铂、铜。铂的性能较好,采用特殊结构可做成标准温度计,测量范围为 $-200\sim+960\ ℃$,铜电阻价廉,线性较好,但易氧化,测温范围为 $-50\sim+150\ ℃$。

热电阻的主要特点如下:

① 测量精度高。

② 有较大的测量范围: $-200\sim+960\ ℃$。

③ 易于在自动测量和远距离测量中使用。

④ 电阻温度系数高,便于精确测量。

⑤ 电阻值与温度值有良好的线性关系。

⑥ 电阻率大,热容量小,易制造。

(金属)热电阻式传感器

3.4.2 工作原理

一般金属导体都具有正温度系数,电阻率随着温度的上升而增加,在一定温度范围内电阻与温度的关系为

$$R_t = R_0 + \Delta R_t \tag{3-15}$$

对于一定温度范围内的铜电阻与铂电阻可表示为

$$R_t = R_0 [1 + \alpha(t - t_0)] = R_0(1 + \alpha t) \tag{3-16}$$

用于制造热电阻的材料应具有尽可能大和稳定的电阻温度系数及电阻率。

1. 铂电阻

铂电阻是制造热电阻的最好的材料,性能稳定、重复性好、测量精度高,其电阻值与温度的关系近似线性。

铂电阻一般由直径 $0.02\sim0.07\ nm$ 的铂丝浇在云母等绝缘骨架制成,外套保护套管,铂丝的引出线采用银线,并用瓷套管固定和绝缘,其结构如图 3-24 所示。

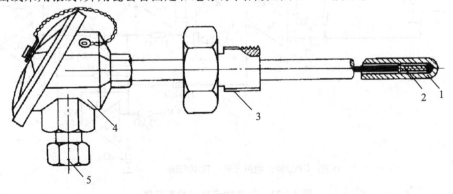

1—保护套管;2—感温元件;3—紧固螺栓;4—接线盒;5—引出线密封套管

图 3-24 装配型热电阻外形

测温范围：$-200 \sim +850\ ℃$。在 $-200 \sim 0\ ℃$，电阻与温度的关系为

$$R_t = R_0\left[1 + At + Bt^2 + C(t-100)t^3\right] \tag{3-17}$$

在 $0 \sim 850\ ℃$，电阻与温度的关系为

$$R_t = R_0(1 + At + Bt^2) \tag{3-18}$$

式中，R_t——温度为 t 时的阻值；

R_0——温度为 $0\ ℃$ 时的阻值；

A——常数，$3.908\ 02 \times 10^{-3}\ ℃^{-1}$；

B——常数，$-5.802 \times 10^{-7}\ ℃^{-2}$；

C——常数，$-4.273\ 50 \times 10^{-12}\ ℃^{-4}$；

α——电阻温度系数。

利用相应分度表，即 R_t-t 的关系表，这样在实际测量中只要测得热电阻的阻值 R_t，便可从分度表上查出对应的温度值。

2. 铜热电阻

由于铂是贵重金属，因此，在一些测量精度要求不高且温度较低的场合，可采用铜热电阻进行测温，它的测量范围为 $-50 \sim +150\ ℃$。铜热电阻在测量范围内其电阻值与温度的关系几乎是线性的，可近似地表示为

$$R_t = R_0(1 + \alpha t) \tag{3-19}$$

式中，α——铜热电阻的电阻温度系数。取 $\alpha = 4.28 \times 10^{-3}\ ℃^{-1}$。铜热电阻的两种分度号分别为 Cu_{50}（$R_0 = 50\ \Omega$）和 Cu_{100}（$R_{100} = 100\ \Omega$）。

热电阻新、旧分度号对照表见表 3-5。

热电阻分度表见表 3-6。

表 3-5　热电阻新、旧分度号对照表

名　称	新	旧	新分度号采用标准
工业铜热电阻	Cu_{50} $R_0 = 50\ \Omega$ $\alpha = 0.004\ 280\ ℃^{-1}$	G $R_0 = 53\ \Omega$	BY 028—1981
	Cu_{100} $R_0 = 100\ \Omega$ $\alpha = 0.004\ 280\ ℃^{-1}$		
工业铂热电阻		BA_1 $R_0 = 46\ \Omega$ $\alpha = 0.003\ 91\ ℃^{-1}$	IEC 751—1983
	Pt_{100} $R_0 = 100\ \Omega$ $\alpha = 0.003\ 850\ ℃^{-1}$	BA_2 $R_0 = 100\ \Omega$ $\alpha = 0.003\ 91\ ℃^{-1}$	
	Pt_{10} $R_0 = 10\ \Omega$		

表 3-6 热电阻分度表

工作端温度/℃	电阻值/Ω		工作端温度/℃	电阻值/Ω	
	Cu_{50}	Pt_{100}		Cu_{50}	Pt_{100}
−200	—	18.49	10	52.14	103.90
−190	—	22.80	20	54.28	107.79
−180	—	27.08	30	56.42	111.67
−170	—	31.32	40	58.56	115.54
−160	—	35.53	50	60.70	119.40
−150	—	39.71	60	62.84	123.24
−140	—	43.87	70	64.98	127.07
−130	—	48.00	80	67.12	130.89
−120	—	52.11	90	69.26	134.70
−110	—	56.19	100	71.40	138.50
−100	—	60.25	110	73.54	142.29
−90	—	64.30	120	75.68	146.06
−80	—	68.33	130	77.83	149.82
−70	—	72.33	140	79.98	153.58
−60	—	76.33	150	82.13	157.31
−50	39.24	80.31	160	—	161.04
−40	41.40	84.27	170	—	164.76
−30	43.55	88.22	180	—	168.46
−20	45.70	92.16	190	—	172.16
−10	47.85	96.09	200	—	175.84
0	50.00	100.00	210	—	179.51
220	—	183.17	370	—	236.65
230	—	186.32	380	—	240.13
240	—	190.45	390	—	243.59
250	—	194.07	400	—	247.04
260	—	197.69	410	—	250.48
270	—	201.29	420	—	253.90
280	—	204.88	430	—	257.32
290	—	208.45	440	—	260.72
300	—	212.02	450	—	264.11
310	—	215.57	460	—	267.49
320	—	219.12	470	—	270.36
330	—	222.65	480	—	274.22
340	—	226.17	490	—	277.56
350	—	229.67	500	—	280.90
360	—	233.17			

3.4.3　热电阻的主要参数与特性

热电阻的主要参数与特性如表 3－7 所列。

表 3－7　热电阻的主要参数与特性

材　　料	铂(WTP)	铜(WZC)
使用温度范围/℃	－200～＋960	－50～＋150
电阻率/($\times 10^{-6}\Omega \cdot m$)	0.098 1～0.106	0.017
0～100 ℃间电阻温度系数平均值/℃$^{-1}$	0.003 92～0.003 98	0.004 25～0.004 28
化学稳定性	在氧化性介质中较为稳定,不能在还原性介质中使用,尤其在高温情况下	超过 100 ℃易氧化
特　　性	线性、稳定性好、精度高	线性较好,价格低廉
应　　用	可作为标准测温装置	适于测量低温、无水分、无侵蚀性介质的温度

3.4.4　热电阻式传感器的应用

图 3－25 所示为四线制测温电路。当温度发生变化时,输出为

$$U_0 = \frac{R_f}{R_1} \times IR_t = \frac{R_f}{R_1} \times IR_0(1+\alpha t)$$

运放采用斩波放大器 ICL7650 差动放大器,由恒流源供电。

测温电路常用三线制和四线制测量电路,三线制可以减小热电阻与测量仪表之间连接导线的电阻或因环境温度变化所引起的测量误差,四线制可以完全消除热电阻与测量仪表之间连接导线的电阻因环境温度变化所引起的测量误差。

图 3－26 为一个热电阻流量计的电原理图。两个铂电阻探头,R_{t1} 放在管道中央,它的散热情况受介质流速的影响;R_{t2} 放在温度与流体相同,但不受介质流速影响的小室中。当介质处于静止状态时,电桥处于平衡状态,流量计没有指示。当介质流动时,R_{t1} 由于介质流动带走热量,温度的变化引起阻值变化,使电桥失去平衡而有输出,电流计的指示直接反映流量的大小。

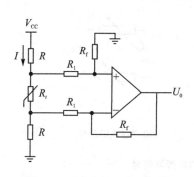

图 3－25　热电阻温度计电路

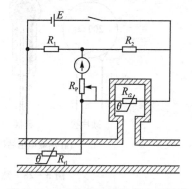

图 3－26　热电阻流量计的电原理图

3.5 热敏电阻传感器

3.5.1 基本概念

热敏电阻是利用半导体电阻随温度变化的特性制成的测温元件。热敏电阻是近年来出现
的一种新型半导体测温元件。一般按温度
系数热敏电阻可分为负温度系数热敏电阻
(NTC)、正温度系数热敏电阻(PTC)和临界
温度系数热敏电阻(CTR)。这3类热敏电
阻的电阻率 ρ 与温度 t 的变化曲线如
图3-27所示。从图中可以看出,这些曲线
都呈非线性。

3.5.2 工作原理

热敏电阻是利用半导体的电阻随温度
显著变化这一特性而工作的。其特点是电
阻率对温度非常敏感。常用的有 NTC、
PTC、CTR 等类型。NTC 热敏电阻生产最

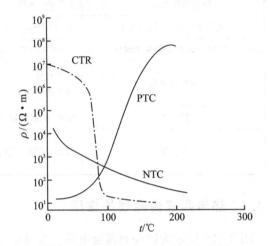

图3-27 电阻率与温度的变化曲线

早,最成熟,使用范围也广,最常见的 NTC 是由金属氧化物制成的,如锰、钴、铁、镍和铜等中
的两三种氧化物混合烧结而成。最常用的 PTC 热敏电阻是在钛酸陶瓷中加入施主杂质,以增
大电阻温度系数。CTR 热敏电阻是一种具有开关特性的负温度系数热敏电阻,当外界温度达
到阻值急剧转变温度时,引起半导体与金属之间的相变,利用这种特性可制成热保护开关。热
敏电阻按结构形式可分为体型、薄膜型、厚膜型3种;按照工作方式可分为直热式、旁热式、延
迟式3种;按照工作温区可分为常温区、高温区、低温区热敏电阻3种。热敏电阻可根据使用
要求封装加工成各种形状的探头,如圆片状、珠状和柱状等,如图3-28(a)所示;其表示符号
如图3-28(b)所示。

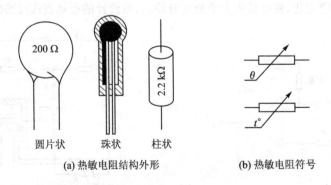

(a) 热敏电阻结构外形   (b) 热敏电阻符号

图3-28 热敏电阻的结构外形与符号

热敏电阻与温度的关系为

$$R_T = R_0 e^{B\left(\frac{1}{T}-\frac{1}{T_0}\right)}$$

式中，R_T，R_0——温度 T，T_0 时的阻值；

　　　T——热力学温度；

　　　B——热敏电阻材料常数，一般取 2 000～6 000 K。

电阻温度系数为

$$a = \frac{1}{R_T} \cdot \frac{\mathrm{d}R_T}{\mathrm{d}T} = -\frac{B}{T^2}$$

3.5.3　热敏电阻的主要特性与技术参数

1. 主要特性

（1）灵敏度高

热敏电阻的灵敏度是铂热电阻、铜热电阻灵敏度的几百倍。工作温度范围宽，常温热敏电阻的工作温度为 $-55\sim+315$ ℃；高温热敏电阻的工作温度高于 315 ℃；低温热敏电阻的工作温度低于 -55 ℃。

（2）材料丰富，加工容易，价格低廉，性能好

可根据使用要求加工成各种形状，特别是能够做到小型化。目前，最小的珠形热敏电阻其直径仅为 0.2 mm，可用于较恶劣的环境。

（3）阻值在 1～10 MΩ 范围内可供自由选择

使用时，一般不必考虑线路引线电阻的影响；由于其功耗小，故无须采取冷端温度补偿，所以适合于远距离测温和控温使用。

（4）稳定性好

随着新技术、新材料的应用及加工技术和工艺的改进，其稳定性和可靠性越来越高，相比之下，优于其他种类温度传感器。

2. 主要技术参数

① 标称电阻值 R，环境温度为 (25 ± 0.2) ℃时的电阻值，又称冷电阻。

② 热容 C，热敏电阻温度变化 1 ℃时所需吸收或释放的热量（J/℃）。

③ 电阻温度系数 α，温度变化 1 ℃时，热敏电阻阻值的变化率（%/℃）。

④ 耗散系数 H，热敏电阻温度与周围介质温度相差 1 ℃时所耗散的功率（W/℃）。

⑤ 能量灵敏度 $G=(H/\alpha)\times100$，使热敏电阻的阻值变化 1% 时所需耗散的功率（W）。

⑥ 时间常数 $\tau=C/H$，温度为 T_0 的热敏电阻突然置于温度为 T 的介质中，热敏电阻的温度增量 $\Delta T=0.632(T-T_0)$ 时所需的时间（s）。

3.5.4　热敏电阻的应用

1. 温度测量

作为测量温度的热敏电阻一般结构简单。没有外面保护层的热敏电阻只能应用在干燥的地方，密封的热敏电阻能够经受湿气的侵蚀，可以在任何环境下使用。由于热敏电阻的阻值很大，故其连接导线的电阻和接触电阻可忽略，因此热敏电阻可以在距离长达几千米的远距离处测量温度，测量电路多采用桥路。图 3-29 所示为一种双桥温差测量电路。它是由 A 及 A′两

电桥共用一个指示仪表 P 组成的。两热敏电阻 R_t 及 R_t' 放在两个不同的测温点,则流经表 P 的两个不平衡电流恰好方向相反,表 P 指出的电流值是两电流值之差。进行温差测量时要选用特性相同的两个热敏电阻,且阻值误差不应超过±1%。

2. 热敏电阻用于补偿和温度控制

如图 3 - 30 所示,热敏电阻 R_t 与应变片处在相同的温度下,当应变片的灵敏度随温度升高而下降时,热敏电阻的阻值下降,使电桥的输入电压随温度升高而增加,从而提高电桥的输出电压。选择分流电阻的值可以使应变片灵敏度下降,这能很好地补偿电桥输出的影响。

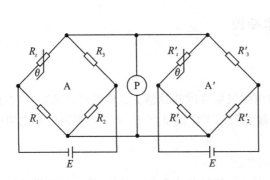

图 3 - 29　双桥温差测量电路

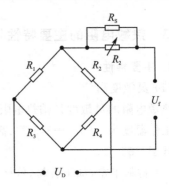

图 3 - 30　热敏电阻补偿电路

3. 热敏电阻温度控制电路

图 3 - 31 所示的热敏电阻温度控制电路采用温度为 250 ℃、阻值为 10 kΩ 的负温度系数热敏电阻,电路由两个比较器组成。比较器 A_1 为温控电路比较器,A_2 为热敏电阻损坏接线断开指示电路,调整 R_P 可设定控制温度,调整 R_5 可调节电路翻转延时时间,以免继电器频繁通断。

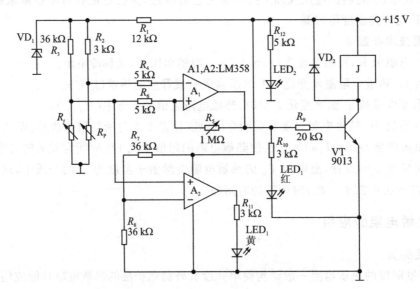

图 3 - 31　热敏电阻温度控制电路

习　题

1. 什么是电阻式传感器？电阻式传感器主要分为哪几种？它们在输出的电信号上有何不同？
2. 什么是电阻应变效应？
3. 什么是直流电桥？若按桥臂工作方式不同,直流电桥可分为哪几种？各自的输出电压及电桥灵敏度如何计算？
4. 简要说明气敏、湿敏电阻传感器的工作原理,并举例说明其用途。
5. 列举金属丝电阻应变片与半导体应变片的相同与不同之处。
6. 简述电阻应变式传感器的温度补偿过程。
7. 什么是应变效应？应变片有哪几种结构类型？
8. 热电阻传感器有哪几种？各有何特点及用途？
9. 铜电阻的阻值 R 与温度 t 的关系可用 $R_t = R_0(1+\alpha t)$ 表示。已知铜电阻的 R_0 为 50 Ω,温度系数 α 为 4.28×10^{-3} ℃$^{-1}$,求当温度为 100 ℃时的铜电阻值。
10. 金属热电阻为什么要进行三线制接线？试画出其接线图。

第4章 电容式传感器

4.1 电容式传感器的工作原理及结构形式

电容式传感器是一种能将被测非电量转换成电容量变化的传感器件。电容式传感器体积小、灵敏度高、启动特性好,能在恶劣环境下使用,广泛用于位移、振动、角度、加速度、压力、测厚及成分含量等项目的检测。在自动检测中,电容式传感器的应用也越来越广泛。

认识电容式
传感器

电容式传感器是由绝缘介质分开的两个平行金属板组成的平板电容器,其结构如图4-1所示。如果不考虑边缘效应,其电容量为

$$c = \frac{\varepsilon A}{d}$$

(4-1)

式中,ε——电容极板间介质的介电常数,$\varepsilon = \varepsilon_0 \varepsilon_r$,其中$\varepsilon_0$为真空介电常数,$\varepsilon_r$为极板间介质相对介电常数;

A——两平行板所覆盖的面积;

d——两平行板之间的距离。

由式(4-1)可见,当被测量A,d,ε 3个参数中任何一项发生变化时,电容量就随之发生变化。工程上就是利用这一原理设计了变面积型、变极距型和变介电常数型3种类型的电容式传感器。

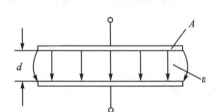

图4-1 平板电容式传感器

4.1.1 变面积型电容式传感器

变面积型电容式传感器的结构和原理如图4-2所示。图(a)中1为固定板,2是与被测物相连的可动板。当被测物体带动可动板2发生位移时,就改变了可动板与固定板之间的相互遮盖面积,并由此引起电容量C发生变化。

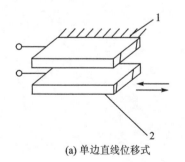

(a) 单边直线位移式　　　(b) 电容式角位移传感器原理

图4-2 变面积型电容式传感器的原理和结构

对于图 4 - 2（a）所示的变面积型电容式传感器，若忽略边缘效应，其电容变化为

$$\Delta c = \left| \frac{\varepsilon\, ab}{d} - \frac{\varepsilon (a - \Delta a) b}{d} \right| = \frac{\varepsilon\, b \Delta a}{d} = \frac{C_0 \Delta a}{a} \qquad (4 - 2)$$

式中，a——极板起始遮盖长度；

　　Δa——动极板位移量；

　　b——极板宽度；

　　d——两极板间的距离；

　　C_0——初始电容量。

这种平板单边直线位移传感器的灵敏度 S 为

$$S = \varepsilon\, b / d = 常数$$

图 4 - 2（b）所示为电容式角位移传感器原理。当动极板有一个角位移 θ 时，与定极板间的有效覆盖面积就改变了，从而改变了两极板间的电容量。当 $\theta = 0$ 时，则

$$C_0 = \varepsilon_0 \varepsilon_r \frac{A_0}{d} \qquad (4 - 3)$$

式中，ε_r——介质相对介电常数；

　　d——两极板间距离；

　　A_0——两极板间初始覆盖面积。

当 $\theta \neq 0$ 时，则

$$C_1 = \varepsilon_0 \varepsilon_r A_0 \frac{1 - \dfrac{\theta}{x}}{d_0} = C_0 - \frac{C_0}{\pi} \theta \qquad (4 - 4)$$

由式（4 - 4）可以看出，传感器的电容量 C 与角位移 θ 呈线性关系。

4.1.2　变极距型电容式传感器

变极距型电容 C 与间隙 d 之间的变化特性如图 4 - 3 所示，变极距型电容式传感器的灵敏度用 S 表示，其计算公式为 $S = \varepsilon A / d^2$。

实际应用时，为了改善其非线性、提高灵敏度和减少外界影响，通常采用图 4 - 4 所示的差分式结构。这种差分式传感器与非差分式传感器相比，灵敏度可提高一倍，并且非线性误差可大大降低。差分式电容传感器的灵敏度计算公式为 $S_{(差)} = \Delta C / C = 2\Delta d / d$。

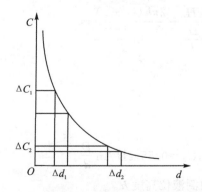

图 4 - 3　电容 C 与间隙 d 之间的变化特性

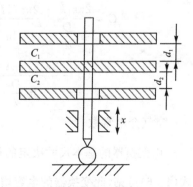

图 4 - 4　差分式电容传感器结构示意

4.1.3　变介电常数型电容式传感器

变介电常数型电容式传感器的结构原理如图 4-5 所示。图中的两平行极板为固定板,极距为 d_0,不同 ε_{r_2} 的电介质以不同深度插入电容器两极板间。于是传感器总的电容量 C 应等于两个电容 C_1 和 C_2 的并联之和,即

$$C = C_1 + C_2 = \frac{\varepsilon_0 \delta_0}{d_0} [\varepsilon_{r_1}(l_0 - l) + \varepsilon_{r_2} l] \tag{4-5}$$

式中,l_0, δ_0——极板的长度和宽度;

l——第二种介质进入极板间的长度。

当介质 1 为空气,$l = 0$ 时,传感器的初始电容 $C_0 = \varepsilon_0 \varepsilon_r l_0 \delta_0 / d_0$;当介质 2 进入极板间 l 距离后,引起的电容相对变化为

$$\frac{\Delta C}{C_0} = \frac{C - C_0}{C_0} = \frac{(\varepsilon_{r_2} - l)l}{l_0}$$

可见,电容的变化与介质 2 的移动量 l 呈线性关系。

图 4-6 为一种变极板间介质的电容式传感器用于测量液位高低的结构原理图。

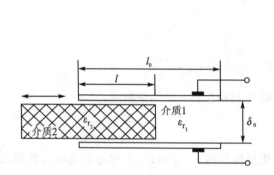

图 4-5　变介电常数型电容式传感器

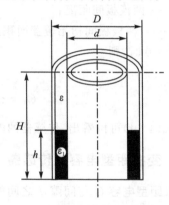

图 4-6　液位高低的结构原理图

设被测介质的介电常数为 ε_1,液面高度为 h,变换器总高度为 H,内筒外径为 d,外筒内径为 D,则此时变换器电容值为

$$C = \frac{2\pi\varepsilon_1 h}{\ln\dfrac{D}{d}} + \frac{2\pi\varepsilon(H-h)}{\ln\dfrac{D}{d}} = \frac{2\pi\varepsilon H}{\ln\dfrac{D}{d}} + \frac{2\pi h(\varepsilon_1 - \varepsilon)}{\ln\dfrac{D}{d}} =$$

$$C_0 + \frac{2\pi(\varepsilon_1 - \varepsilon)h}{\ln\dfrac{D}{d}} \tag{4-6}$$

式中,ε——空气介电常数;

C_0——由变换器的基本尺寸决定的初始电容值,$C_0 = 0.55\pi\varepsilon H / \ln\dfrac{D}{d}$。

由式(4-6)可见,此变换器的电容增量正比于被测液位高度 h。

4.2　电容式传感器测量转换电路

电容式传感器将被测物理量转换成电容量变化以后,电容量和电容量变化值均很微小,还须用转换电路将其转换成为电压、电流或频率信号。电容式传感器测量的转换电路种类较多,常用的典型测量电路有如下几种。

电容式传感器
测量电路及应用

4.2.1　交流电桥电路

电容式传感器的交流电桥电路如图 4－7 所示。图 4－7(a)所示为单臂接法的桥式测量电路,电路中高频电源经变压器接到电容电桥的一条对角线上,电容 C_1,C_2,C_3,C_X 构成电桥电路的 4 个桥臂,C_X 为电容式传感器。当交流电桥平衡时,即 $C_1/C_2=C_X/C_3$,输出 $\dot U_o=0$,当 C_X 改变时,则 $\dot U_o\neq0$,就会有电压输出。图 4－7(b)所示为差分式电容式传感器,其空载输出电压为

$$\dot U_o=\frac{\dot U}{2}\frac{C_{X_1}-C_{X_2}}{C_{X_1}+C_{X_2}}=\frac{\dot U}{2}\frac{(C_0\pm\Delta C)-(C_0\mp\Delta C)}{(C_0\pm\Delta C)+(C_0\mp\Delta C)}=\pm\frac{\dot U}{2}\frac{\Delta C}{C_0} \tag{4－7}$$

式中,C_0——传感器初始电容值;

ΔC——传感器电容量的变化值。

若要判别电容传感器的位移方向(即 $\dot U_o$ 的相位),还须经相敏检波电路进行处理。

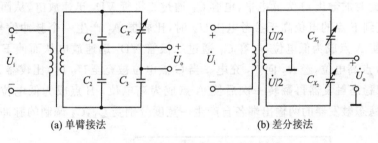

(a) 单臂接法　　　　　　　　　(b) 差分接法

图 4－7　电容式传感器的交流电桥电路

4.2.2　调频电路

图 4－8 为电容式传感器的调频电路原理图,电容式传感器作为 LC 回路的一部分,当电容式传感器电容量发生变化时,就使得振荡频率 f 发生相应的变化,故称之为调频电路。

振荡器输出的高频电压是一个受到被测量控制的调频波,频率的变化在鉴频器中变换为电压的变化,然后再经放大后去推动后续指示仪表工作。从电路原理上看,图中 C_1 为固定电容,C_i 为寄生电容,电容式传感器 $C_X=C_0\pm\Delta C$。设 $C=C_1+C_2+C_3+C_i+C_X,C_2=C_3\ll C_0$,那么调频振荡器的频率为

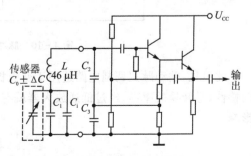

图 4－8　调频电路原理图

$$f = \frac{1}{2\pi\sqrt{LC_X}}$$

调频电路的灵敏度比较高,可测到 0.01 μm 级的位移变化量;频率能以数字量输出而不需要进行专门的 A/D 转换;电路的输出可获得高电平的直流信号,抗干扰能力比较强。

由调频电路组成的系统框图见图 4-9。该电路的选择性比较好,特性比较稳定,抗干扰能力比较强,是目前比较理想的调频电路。

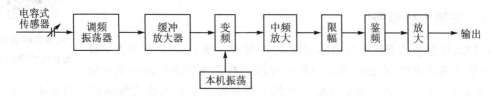

图 4-9 电路系统框图

4.2.3 脉冲宽度调制电路

图 4-10 所示为脉冲宽度调制电路,其工作原理是利用对 C_1,C_2 构成的差分电容式传感器回路的充、放电,使电路输出脉冲的宽度随电容式传感器的电容量变化而变化,并通过低频滤波器得到对应于被测量变化的直流信号。脉冲宽度调制电路主要由比较器 A_1、A_2,双稳态触发器及电容充放电回路组成。当双稳态触发器输出 Q 为高电平时 A 点通过电阻 R_1 对电容 C_1 充电。此时的输出 $\overline{Q}$ 为低电平,电容 C_2 通过二极管 VD_2 迅速放电,从而使 G 点被钳制在低电位。直到 F 点的电位高于参考电压 U_R 时,比较器 A_1 产生一个脉冲信号,触发双稳态触发器翻转,使 A 点成为低电位,电容 C_1 通过二极管 VD_1 迅速放电从而使 F 点被钳制在低电位。同时 B 点高电位,经 R_2 向 C_2 充电。当 G 点电位被充至 U_R 时,比较器 A_2 就产生一个脉冲信号。双稳态触发器再翻转一次后使 A 点成为高电位,B 点成为低电位。如此周而复始,就可在双稳态触发器的两输出端各自产生一宽度分别受 C_1,C_2 调制的脉冲波形。

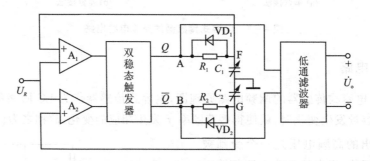

图 4-10 脉冲宽度调制电路

由此可见,差动脉宽调制电路适用于变极板距离以及变面积式差动式电容传感器,并具有线性特性,且转换效率高,经过低通放大器就有较大的直流输出,且调宽频率的变化对输出没有影响。

4.3　电容式传感器的应用

4.3.1　压力测量

图 4-11 所示为电容式压力传感器的结构。

当被测压力或压力差作用于膜片并使之产生位移时,形成电容器的电容量变化。该电容值的变化经测量电路转换成与压力或压力差相对应的电流或电压的变化。

4.3.2　电容测厚仪

电容测厚仪是用来测量金属带材在轧制过程中的厚度的仪器,其工作原理如图 4-12 所示。

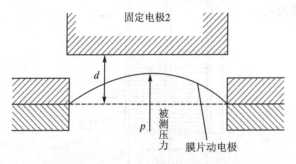

图 4-11　电容式压力传感器的结构

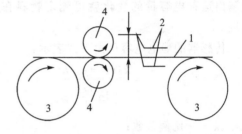

1—金属带材;2—电容极板;3—传动轮;4—轧辊

图 4-12　电容测厚仪原理示意

检测时,在被测金属带材的上、下两侧各安装一块面积相等、与带材距离相等的极板,并把这两块极板用导线连接起来,作为传感器的一个电极板,而金属带材就是电容传感器的另一个极板。其总的电容量 C 就应是两个极板间的电容之和($C=C_1+C_2$)。如果带材的厚度发生变化,用交流电桥电路就可将这一变化检测出来,然后再经过放大就可在显示仪器上把带材的厚度变化显示出来。

用于这类厚度检测的电容式厚度传感器的框图见图 4-13。图中的多谐振荡器输出的电压 U_1,U_2 通过 R_1,R_2($R_1=R_2$)交替对电容 C_1,C_2 充、放电,从而使弛张振荡器的输出交替触发双稳态电路。当 $C_1=C_2$ 时,$U_o=0$;当 C_1 不等于 C_2 时,双稳态电路 Q 端输出脉冲信号,此

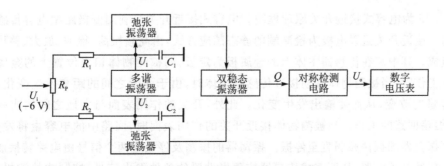

图 4-13　电容式测厚传感器方框图

脉冲信号经对称脉冲检测电路处理后变成电压输出,并用数字电压表示。输出电压的大小可由 $U_\circ = \dfrac{U_C(C_1 - C_2)}{C_1 + C_2}$ 加以计算,式中 U_C 为电源电压。

电容测厚仪的结构比较简单,信号输出的线性度好,分辨力比较高,因此在自动化厚度检测中应用比较广泛。

4.3.3 电容式料位传感器

图 4-14 所示为电容式料位传感器结构。测定电极安装在罐的顶部,这样在罐壁和测定电极之间就形成了一个电容器。

当罐内放入被测物料时,由于受被测物料介电常数的影响,传感器的电容量将发生变化,电容量变化与被测物料在罐内高度有关,且成比例变化。检测出这种电容量的变化就可测定物料在罐内的高度。

传感器的静电电容可由下式表示:

$$c = \dfrac{k(\varepsilon_s - \varepsilon_0)h}{\ln \dfrac{D}{d}} \qquad (4-8)$$

式中,k——比例常数;

ε_s——被测物料的相对介电常数;

ε_0——空气的相对介电常数;

D——储罐的内径;

d——测定电极的直径;

h——被测物料的高度。

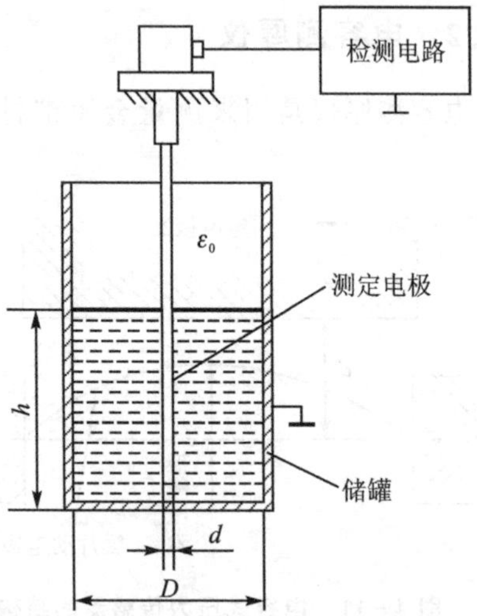

图 4-14 电容式料位传感器结构示意

假定罐内没有物料时传感器的静电电容为 C_0,放入物料后传感器静电电容为 C_1,则两者电容差为 $\Delta C = C_1 - C_0$。

由式(4-8)可见,两种介质常数差别越大,极径 D 与 d 相差愈小,传感器灵敏度就愈高。

4.3.4 电容式接近开关

图 4-15 为电容式接近开关原理框图。电容式接近开关是利用变极距型电容传感器的原理设计的。接近开关是以电极为检测端的静态感应方式,由高频振荡、检波、放大、整形及输出等部分组成。其中装在传感器主体上的金属板为定板,而被测物体相应位置上的金属板相当于动板。工作时,当被测物体移动接近传感器主体时,由于两者之间的距离发生变化,引起传感器电容量的改变,从而使输出发生变化。此外,开关的作用表面与大地之间构成一个电容器,参与振荡回路的工作。当被测物体接近开关的作用表面时,回路中的电容量将发生变化,使得高频振荡器的振荡减弱直至停振。振荡器的振荡及停振这两个信号由电路转换成开关信号后送至后续开关电路,从而完成传感器按预先设置的条件发出信号,控制或检测机电设备,使其正常工作的任务。

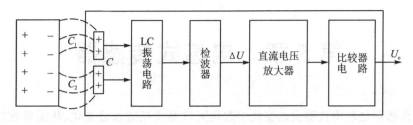

图 4 - 15　电容式接近开关原理框图

电容式接近开关的振荡电路及其他电路部分与电容式传感器其他应用电路基本相同。这种接近开关主要用于定位或开关报警控制等场合,以及一些对人体安全影响较大的机械设备(如压力机、切纸机、剪板机、压膜机、锻压机等)的行程和保护控制系统,具有无抖动、无触点、非接触检测等优点。

电容式传感器的应用

习　题

1. 电容式传感器主要有哪些特点?电容式传感分为哪几类?各自的工作原理及主要用途如何?

2. 简述脉冲宽度调制电路中电容式传感器的作用。

3. 在变极距型电容传感器中,由于其灵敏度要随极板间隙的变化而变化,从而引起非线性误差,如何减少这一误差?选用哪种类型的传感器为好?为什么?

4. 已知某变面积型电容传感器的两极板间距离 $d = 15$ mm,$\varepsilon = 100$ μF/mm,两极板的几何尺寸一样,均为 50 mm×20 mm×5 mm。在外力作用下,其中动极板在原位置上沿长度方向向外移动了 10 mm。试求其 c,s 的值。

5. 一个以空气为介质的极板电容式传感器,其中一块极板在原位置上平移了 20 mm 后,与另一块极板之间的有效重叠面积为 30 mm^2,两极板间距为 1 mm,已知空气的相对介电常数 $\varepsilon = 1$ F/m,真空时的介电常数 $\varepsilon_0 = 8.854 \times 10^{-12}$ F/m,求该传感器的位移灵敏度值。

第5章　电感式传感器

电感式传感器是利用被测量的变化引起线圈自感或互感系数变化,从而导致线圈电感量改变来实现信号测量的。根据其转换原理,电感式传感器可分为自感式和互感式两大类。

5.1　自感式传感器

自感式传感器可分为变间隙式、变截面积式和螺线管式3种类型。

5.1.1　变间隙式电感传感器

变间隙式电感传感器的结构如图5-1所示。

传感器由线圈、铁芯和衔铁组成。可动衔铁与被测物体连接,工作时,被测物体通过可动衔铁上、下(或左、右)移动,这将引起空气气隙的距离发生变化,即气隙磁阻发生相应的变化,从而导致线圈电感量发生变化。实际检测时,正是利用这一变化来判定被测物体的移动量及运动方向的。

线圈的电感量可用公式 $L = N/R_m$ 计算。式中,N 为线圈匝数;R_m 为磁路总磁阻。对于变间隙式电感传感器,若忽略磁路铁损,则磁路总磁阻为

$$R_m = \frac{l_1}{\mu_1 A} + \frac{l_2}{\mu_2 A} + \frac{2\delta}{\mu_0 A} \qquad (5-1)$$

式中,l_1——铁芯磁路长;

$\quad\ \ l_2$——衔铁磁路长;

$\quad\ \ A$——截面积;

$\quad\ \ \mu_1$——铁芯磁导率;

$\quad\ \ \mu_2$——衔铁磁导率;

$\quad\ \ \mu_0$——空气磁导率;

$\quad\ \ \delta$——空气隙厚度。

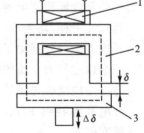

1—线圈;2—铁芯;3—可动衔铁

图5-1　变间隙式电感传感器

一般情况下,导磁体的磁阻与空气隙磁阻相比是很小的(可忽略),因此线圈的电感值可近似表示为

$$L = \frac{N^2 \mu_0 A}{2\delta} \qquad (5-2)$$

5.1.2　变截面积式电感传感器

变截面积式电感传感器的结构如图5-2所示。可以看出,线圈的电感量为

$$L = \frac{N^2 \mu_0 A}{2\delta} \qquad (5-3)$$

传感器工作时,当气隙长度保持不变,而铁芯与衔铁之间相对覆盖面积(即磁通截面)因被

测量的变化而改变时,将导致电感量发生变化。这种类型的电感式传感器称之为变截面积式电感式传感器。通过公式可知线圈电感量与截面积成正比,是一种线性关系。

5.1.3　螺线管式电感传感器

螺线管式电感传感器结构如图 5-3 所示。当传感器的衔铁随被测对象移动时,将引起线圈磁力线路径上的磁阻发生变化,从而导致线圈电感量随之变化。线圈电感量的大小与衔铁插入线圈的深度有关。设线圈长度为 l,线圈的平均半径为 r,线圈的匝数为 N,衔铁进入线圈的长度为 l_a,衔铁的半径为 r_a,铁芯的有效磁导率为 μ_m,则线圈的电感量 L 与衔铁进入线圈的长度 l_a 的关系可表示为

$$L = \frac{4\pi^2 N^2}{l^2}\left[lr^2 + (\mu_m - 1)l_a r_a^2\right] \tag{5-4}$$

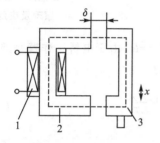

1—线圈;2—铁芯;3—可动衔铁

图 5-2　变截面积式电感式传感器

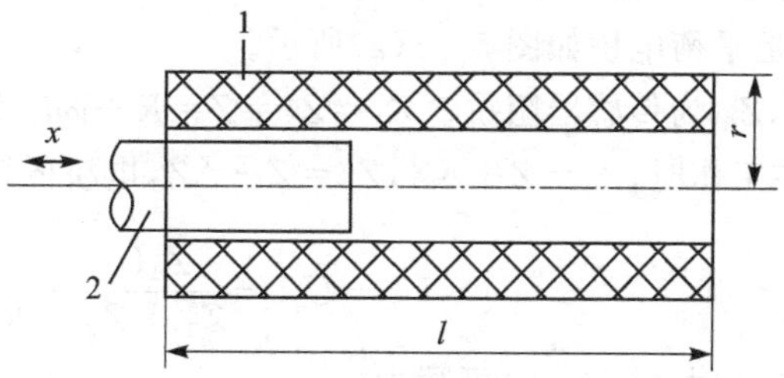

1—线圈;2—衔铁

图 5-3　螺线管式电感传感器

通过以上 3 种电感式传感器的分析,可以得出以下几点结论:

① 变间隙式电感传感器灵敏度较高,但非线性误差较大,且制作装配比较困难。

② 变截面积式电感传感器灵敏度较前者小,但线性较好,量程较大,使用比较广泛。

③ 螺线管式电感传感器量程大、结构简单,且易于制作和批量生产,但灵敏度较低,常用于测量精度要求不太高的场合。

5.1.4　差分式电感传感器

在实际使用中,为提高传感器的灵敏度,减小测量误差,两个相同的传感器线圈常共用一个衔铁,构成差分式电感传感器,其结构如图 5-4 所示。

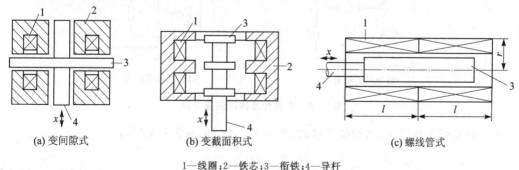

(a) 变间隙式　　　　(b) 变截面积式　　　　(c) 螺线管式

1—线圈;2—铁芯;3—衔铁;4—导杆

图 5-4　差分式电感传感器

差分式电感传感器的结构要求两个导磁体的几何尺寸和材料完全相同,两个线圈的电气参数和几何尺寸完全相同。

差分式结构除了可以改善线性、提高灵敏度外,也可补偿由温度和电源频率等变化产生的影响,从而减小外界影响造成的误差。

5.1.5　测量转换电路

电感式传感器的主要测量电路是交流电桥,其作用是将线圈电感的变化转换为电桥电路的电压或电流输出。前面提到的差分式结构可以提高灵敏度,改善线性,所以交流电桥也多采用双臂工作形式。通常将传感器作为电桥的两个工作臂,电桥的平衡臂可以是纯电阻,也可以是变压器的二次绕组或紧耦合电感线圈。

1. 电阻平衡电桥

电阻平衡电桥如图 5-5(a)所示。

Z_1,Z_2 为传感器阻抗。$Z_1=Z_2=Z=R+j\omega L$,若 $R_1=R_2=R$,由于电桥工作臂是差分形式,则在工作时,$Z_1=Z+\Delta Z$,$Z_2=Z-\Delta Z$,电桥的输出电压为

$$\dot{U}_o=\dot{U}_{dc}=\frac{Z_1\dot{U}}{Z_1+Z_2}-\frac{R_1\dot{U}}{R_1+R_2}=\frac{\dot{U}\Delta Z}{2Z} \tag{5-5}$$

当 $\omega L\gg R$ 时,式(5-5)可写为

$$\dot{U}_o=\frac{\dot{U}\Delta L}{2L} \tag{5-6}$$

由式(5-6)可知,交流电桥的输出电压与传感器线圈电感的相对变化量是成正比的。

2. 变压器电桥电路

变压器式电桥如图 5-5(b)所示。它的平衡臂为变压器的二次绕组,当负载阻抗无穷大时,输出电压为

$$\dot{U}_o=\frac{\dot{U}Z_2}{Z_1+Z_2}-\frac{\dot{U}}{2}=\frac{\dot{U}}{2}\cdot\frac{Z_2-Z_1}{Z_1+Z_2} \tag{5-7}$$

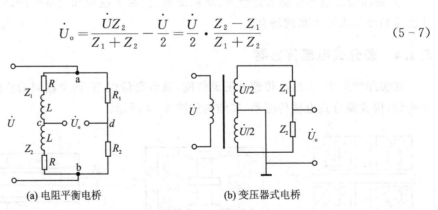

(a) 电阻平衡电桥　　　(b) 变压器式电桥

图 5-5　电感传感器的测量电路

由于是双臂工作形式,当衔铁下移时,$Z_1=Z-\Delta Z$,$Z_2=Z+\Delta Z$,则

$$\dot{U}_o=\frac{\dot{U}\Delta Z}{2Z} \tag{5-8}$$

同理,当衔铁上移时,则

$$\dot{U}_\circ = \frac{-\dot{U}\Delta Z}{2Z} \qquad (5-9)$$

可见,衔铁上移和下移时,输出电压相位相反,且随 ΔL 的变化输出电压也相应地改变。因此,这种电路可判别位移的大小和方向。

5.2　差分变压器式传感器

5.2.1　工作原理

差分变压器式传感器又称为互感式电感传感器,如图 5－6 所示。这种类型传感器的工作原理与变压器的作用原理相似。它由两个或多个带铁芯的电感线圈组成,一、二次绕组之间的耦合可随衔铁或两个绕组之间的相对移动而改变,即能把被测量位移转换为传感器的互感变化,从而将被测位移转换为电压输出。由于使用比较广泛的是采用两个二次绕组,将其同名端串接而以差分方式输出的传感器,所以常把这种传感器称为差分变压器式传感器。

对于差分变压器而言,当衔铁处于中间位置时,两个二次绕组的互感相同。因而由一次激励引起的感应电动势相同。由于两个二次绕组反向串接,因而差分输出电压为零。当衔铁受被测对象牵动向二次绕组 3 一边移动时,则绕组 3 的互感大,绕组 2 的互感小,因而绕组 3 内感应电动势 E_3 大于线圈 2 内感应电动势 E_2。差分输出电压 $U=U_3-U_2$,且不为零。在传感器的量程内,衔铁移动量越大,差分输出电压也越大。同理,当衔铁

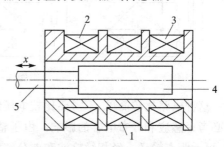

1—一次绕组;2、3—二次绕组;4—衔铁;5—导杆

图 5－6　差分变压器式传感器

向二次绕组 2 一边移动时,则其输出电压反相。因此,通过输出就可以知道衔铁位移的大小和方向,并由此判断出被测物体的移动方向和位移量大小。

5.2.2　测量转换电路

差分变压器随衔铁的位移可输出一个调幅波,用电压表来测量存在下述问题:
① 总有零位电压输出,因而零位附近的小位移量的测量比较困难。
② 用交流电压表无法判断衔铁的移动方向。

为此,须采用必要的测量电路解决上述问题。目前常用的测量电路有相敏检波电路、差分整流电路和直流差分变压器电路等。

1. 相敏检波电路

相敏检波电路如图 5－7 所示。

相敏检波电路要求比较电压和差分变压器二次输出电压频率相同,相位相同或相反。为了保证这一点,通常在电路中接入移相电路。另外,由于比较电压在检波电路中起开关作用,因此其幅值应尽可能大,一般应为信号电压的 3～5 倍。图 5－7 中,R_P 为电桥调零电位器。对于小位移测量,由于输出信号小,在电路中还要接入放大器。

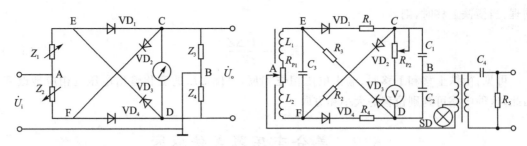

图 5 - 7　带相敏整流的交流电桥

2. 差分整流电路

差分整流电路是常用的电路形式,它对两个二次绕组的感应电动势分别整流,然后再把两个整流后的电流或电压合成输出,几种典型的电路如图 5-8 所示。

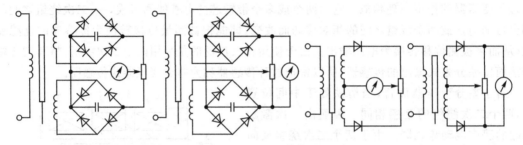

图 5 - 8　差分整流电路

这种电路比较简单,不需要比较电压绕组,不需要考虑相位调整和零位输出电压的影响,不必考虑感应和分布电容的影响。由于整流部分在差分输出一侧,故两根直流输送线连接方便,可远距离输送。经相敏检波和差分整流输出的信号,还须经过低通滤波电路,把调制的高频载波滤掉,检出与衔铁位移相对应的有用信号。

3. 直流差分变压器电路

直流差分变压器的工作原理与前面讨论的一般差分变压器相同,差别仅在于仪器所用的电源是直流电源(干电池、蓄电池等)。直流差分变压器电路如图 5-9 所示,该电路由直流电源、多谐振荡器、差分整流电路和滤波器组成。多谐振荡器提供高频激励电源,它可以产生正弦波、三角波或方波。直流差分变压器一般用于差分变压器与控制室相距较远(大于 100 m)、设备之间不产生干扰、便于携带测量的场合。

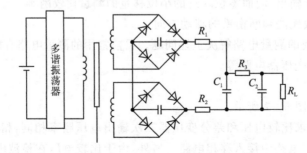

图 5 - 9　直流差分变压器电路

5.3　电涡流式传感器

电涡流式传感器是一种建立在涡流效应原理上的传感器。

电涡流式传感器可以实现非接触地测量金属导体的多种物理量,如位移、振动、厚度、转速、应力、硬度等。这种传感器也可用于无损探伤。

电涡流式传感器结构简单、频率响应宽、灵敏度高、测量范围大、抗干扰能力强,特别是其可实现非接触测量,因此在工业生产和科学研究等领域得到了广泛应用。

5.3.1　结构原理与特性

当通过金属体的磁通量变化时,就会在导体中产生感生电流,这种电流在导体中是自行闭合的,这就是电涡流。电涡流的产生必然要消耗一部分能量,从而使产生磁场的线圈阻抗发生变化,这一物理现象称为涡流效应。电涡流式传感器是利用涡流效应将非电量转换为阻抗的变化而进行测量的。

如图 5-10 所示,一个扁平线圈置于金属导体附近,当线圈中通有交变电流 I_1 时,线圈周围就产生一个交变磁场 H_1。置于这一磁场中的金属导体就产生电涡流 I_2,电涡流也将产生一个新磁场 H_2,H_2 与 H_1 方向相反,因而抵消部分原磁场,使通电线圈的有效阻抗发生变化。

一般讲,线圈的阻抗变化与导体的电导率、磁导率、几何形状,线圈的几何参数,激励电流频率以及线圈到被测导体间的距离有关。如果改变上述参数中的任意一个,而其余参数恒定不变,则阻抗就成为这个变化参数的单值函数。如其他参数不变,阻抗的变化就可以反映线圈到被测金属导体间的距离变化。

可以把被测导体上形成的电涡等效成一个短路环,这样就可得到如图 5-11 所示的等效电路。图中,R_1、L_1 分别为传感器线圈的电阻和电感。短路环可以认为是一匝短路线圈,其电阻为 R_2,电感为 L_2。线圈与导体间存在一个互感 M,它随线圈与导体间距的减小而增大。

根据等效电路可列出电路方程组:

$$\begin{cases} R_2\dot{I}_2 + \mathrm{j}\omega L_2\dot{I}_2 - \mathrm{j}\omega M\dot{I}_1 = 0 \\ R_1\dot{I}_1 + \mathrm{j}\omega L_1\dot{I}_1 - \mathrm{j}\omega M\dot{I}_2 = \dot{U}_1 \end{cases}$$

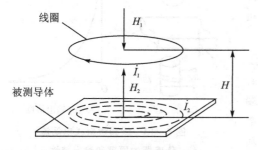

图 5-10　电涡流传感器原理

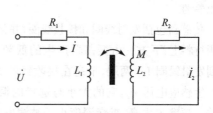

图 5-11　电涡流传感器等效电路

通过解方程组可得 $\dot{I}_1$、$\dot{I}_2$。因此,传感器线圈的复阻抗为

$$Z = \frac{\dot{U}}{\dot{I}} = \left[R_1 + \frac{\omega^2 M^2}{R_2^2 + (\omega L_2)^2} R_2\right] + \mathrm{j}\left[\omega L_1 - \frac{\omega^2 M^2}{R_2^2 + (\omega L_2)^2} \omega L_2\right] \quad (5-10)$$

线圈的等效电感为

$$L = L_1 - L_2 \frac{\omega^2 M^2}{R_2^2 + (\omega L_2)^2} \quad (5-11)$$

由式(5-10)和式(5-11)可以看出,线圈与金属导体系统的阻抗、电感都是该系统互感平方的函数,而互感是随线圈与金属导体间距离的变化而改变的。

1. 高频反射式电涡流传感器

高频反射式电涡流传感器的结构很简单,主要由一个固定在框架上的扁平线圈组成。线圈可以粘贴在框架的端部,也可以绕在框架端部的槽内。图5-12所示为某种型号的高频反射式电涡流传感器。

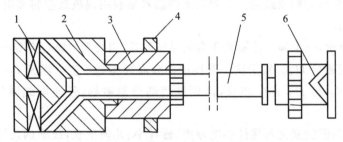

1—线圈; 2—框架; 3—框架衬套; 4—支架; 5—电缆; 6—插头

图5-12 高频反射式电涡流传感器

电涡流传感器的线圈与被测金属导体间是磁性耦合的,电涡流传感器利用这种耦合程度的变化进行测量。因此,被测物体的物理性质及其尺寸和开关都与总的测量装置特性有关。一般来说,被测物的电导率越高,传感器的灵敏度也越高。

为了充分有效地利用电涡流效应,对于平板型的被测体要求被测体的半径应大于线圈半径的1.8倍,否则灵敏度要降低。当被测物体是圆柱体时,被测导体直径必须为线圈直径的3.5倍以上,灵敏度才不受影响。

2. 低频透射式电涡流传感器

低频透射式电涡流传感器采用低频激励,因而有较大的贯穿深度,适用于测量金属材料的厚度。图5-13所示为这种传感器的原理和输出特性。

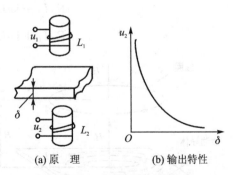

(a) 原理 (b) 输出特性

**图5-13 低频透射式电涡流
传感器的原理和输出特性**

传感器包括发射线圈和接收线圈,并分别位于被测材料上、下方。由振荡器产生的低频电压 u_1 加到发射线圈 L_1 两端,于是在接收线圈 L_2 两端将产生感应电压 u_2,它的大小与选择的振荡频率有关。频率 f 太高,贯穿深度小于被测厚度,不利于进行厚度测量,通常选1 kHz左右。

一般地说,测薄金属板时,频率应略高些,测厚金属板时,频率应低些。在测量密度较小的材料时,应选较低的频率(如 500 Hz);测量密度较大的材料时,则应选用较高的频率(如 2 kHz),从而保证在测量不同材料时能得到较好的线性和灵敏度。

5.3.2　测量电路

1. 电桥电路

电桥法是将传感器线圈的阻抗变化转化为电压或电流的变化。图 5-14 为电桥法的电原理图,图中线圈 A 和 B 为传感器线圈。传感器线圈的阻抗作为电桥的桥臂,在初始状态使电桥平衡。在测量时,由于传感器线圈的阻抗发生变化,电桥失去平衡,将电桥不平衡造成的输出信号进行放大并检波,就可得到与被测量成正比的输出。电桥法主要用于两个电涡流线圈组成的差动式传感器。

2. 谐振法

谐振法是将传感器线圈的等效电感的变化转换为电压或电流的变化。传感器线圈与电容并联组成 LC 并联谐振回路。

并联谐振回路的谐振频率为

$$f_0 = \frac{1}{2\pi\sqrt{LC}}$$

且谐振时回路的等效阻抗最大,即

$$Z_0 = \frac{L}{R'C}$$

式中,R' 为回路的等效损耗电阻。

当电感 L 发生变化时,回路的等效阻抗和谐振频率都将随 L 的变化而变化,因此可以利用测量回路阻抗的方法或测量回路谐振频率的方法间接测出传感器的被测值。

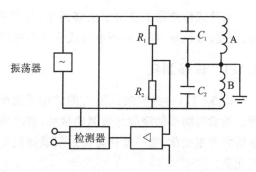

图 5-14　电桥法的电原理图

谐振法主要有调幅式电路和调频式电路两种基本形式。调幅式电路由于采用了石英晶体振荡器,因此稳定性较高,而调频式电路结构简单,便于遥测和数字显示。图 5-15 所示为调幅式测量电路原理。

图 5-15　调幅式测量电路原理

由图可以看出,LC 谐振回路由一个频率及幅值稳定的晶体振荡器提供一个高频信号激励谐振。LC 回路的输出电压为

$$u = i_0 F(Z)$$

式中,i_0 为高频激励电流;Z 为 LC 回路的阻抗。可以看出,LC 回路的阻抗 Z 越大,回路的输出电压越大。

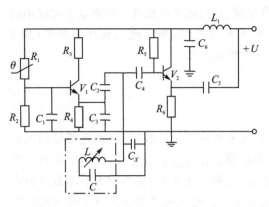

图 5 - 16　调频式测量电路原理图

调频式测量电路的原理是被测量的变化引起传感器线圈电感的变化,而电感的变化导致振荡频率发生变化。频率变化间接反映了被测量的变化。这里电涡流传感器的线圈是作为一个电感元件接入振荡器中的。图 5 - 16 是调频式测量电路的原理图,它包括电容三点式振荡器和射极输出器两个部分。为了减小传感器输出电缆的分布电容 C_X 的影响,通常把传感器线圈 L 和调整电容 C 都封装在传感器中,这样电缆分布电容并联到大电容 C_2、C_3 上,因而对谐振频率的影响大大减小了。

5.4　电感式传感器的应用

电感式传感器主要用于位移测量,凡是能转换成位移量变化的参数(如压力、加速度、振动、应变、液位等)都可以用电感式传感器进行测量。

5.4.1　位移测量

图 5 - 17(a)为轴向式测头的结构示意图,图 5 - 17(b)所示为电感测位仪测量电路的原理。测量时测头的测端与被测件接触,被测件的微小位移使衔铁在差分线圈中移动,线圈的电感值将产生变化,这一变化量通过引线接到交流电桥,电桥的输出电压就反映了被测件的位移变化量。

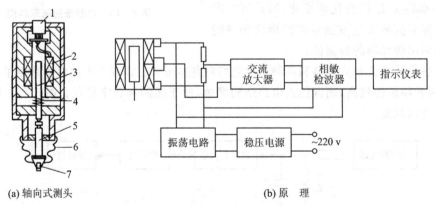

(a) 轴向式测头　　　　　　　　　　　　　　(b) 原　理

1—引线;2—线圈;3—衔铁;4—测力弹簧;5—导杆;6—密封罩;7—测头

图 5 - 17　电感测位仪及其测量电路

5.4.2　力和压力的测量

图 5 - 18 所示为差分变压器式力传感器结构。当力作用于传感器时,弹性元件产生变形,从而使衔铁相对线圈移动。线圈电感量的变化通过测量电路转换为输出电压,其大小反映了受力的大小。

差分变压器和膜片、膜盒、弹簧管等相结合,可以组成压力传感器。图 5-19 为电感式微压力传感器的结构示意图。在无压力作用时,膜盒在初始状态,与膜盒连接的衔铁位于差分变压器线圈的中心。当压力输入膜盒后,膜盒的自由端产生位移并带动衔铁移动,差分变压器产生一正比于压力的输出电压。

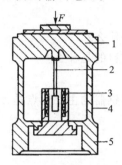

1—上部;2—衔铁;3—线圈;
4—变形部;5—下部

图 5-18　差分变压器式力传感器结构

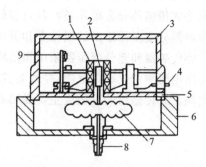

1—差分变压器;2—衔铁;3—罩壳;4—插头;5—通孔;
6—底座;7—膜盒;8—接头;9—线路板

图 5-19　电感式微压力传感器的结构

5.4.3　液位测量

图 5-20 为采用了电感式传感器的浮筒式液位计示意图。浮筒所受浮力随液位的变化而变化,这一变化转变成衔铁的位移,从而改变了差分变压器的输出电压。因此,电压输出值反映了液位的变化值。

5.4.4　涡流探伤

电涡流式传感器可以用来检查金属的表面裂纹、热处理裂纹以及焊接部位的损伤等。综合参数(x,ρ,μ)的变化将引起传感器参数的变化,通过测量传感器线圈阻抗的变化即可达到探伤的目的。在探伤时,重要的是缺陷信号(裂缝信号)和干扰信号比,干扰信号常叠加和混杂在缺陷信号上,如图 5-21(a)所示。为了获得需要的裂缝信号频率而采用滤波器,使裂缝信号的频率通过,而将干扰信号频率衰减,如图 5-21(b)所示。

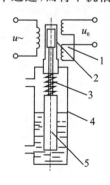

1—线圈;2—衔铁;3—弹簧;
4—浮筒室;5—浮筒

图 5-20　浮筒式液位计示意图

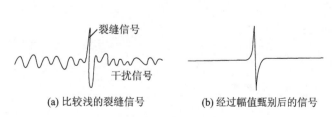

(a) 比较浅的裂缝信号　　　　(b) 经过幅值甄别后的信号

图 5-21　金属探伤波形图

习　题

1. 何为电感式传感器？简述电感式传感器的设计原理。
2. 电感式传感器分为哪几类？各自有何特点？
3. 影响差分变压器输出的线性度和灵敏度的主要因素是什么？
4. 自感传感器和差分变压器采用相敏检波电路最重要的目的是什么？
5. 画出电感测位仪原理框图，并说明其工作原理。
6. 电涡流式传感器的灵敏度主要受哪些因素影响？该传感器的主要优点是什么？

第6章 压电式传感器

压电式传感器(piezoelectric transducer)是一种典型的自发电式传感器。它以某些电介质的压电效应为基础,在外力作用下,在电介质表面产生电荷,从而实现非电量电测的目的。压电传感元件是力敏感元件,它可以测量最终能变换为力的那些非电物理量,例如力、压力和加速度等,但不能测量静态参数。

压电式传感器可以对各种动态力、机械冲击和振动进行测量,在声学、医学、力学、导航方面都得到了广泛的应用。压电式传感器具有使用频带宽、灵敏度高、信噪比高、结构简单、工作可靠及质量轻等优点,由于它没有运动部件,因此结构坚固、可靠性、稳定性高。近年来由于电子技术的飞速发展,随着与之配套的二次仪表以及低噪声、高绝缘电阻、小电容量电缆的出现,压电式传感器得到广泛应用。

当今世界各国压力传感器的研究领域十分广泛,归纳起来主要有以下几个趋势:

① 小型化。小型化会带来很多好处,如重量轻、体积小、分辨率高,便于安装在很小的地方,对周围器件影响小,利于微型仪器、仪表的配套使用等。

② 集成化。压力传感器已经越来越多地与其他测量用传感器集成以形成测量和控制系统,集成系统在过程控制和工厂自动化中可以提高操作速度和效率。

③ 智能化。由于集成化的出现,在集成电路中可添加一些微处理器,使传感器具有自动补偿、通信、自诊断、逻辑判断等功能。

④ 系统化。单一化产品在市场上没有大的竞争力。市场风云突变,一旦失去市场,发展则停滞不前,经济效益差,资金浪费大,产品成本高。

⑤ 标准化。传感器的设计与制造已经形成了一定的行业标准,如 IEC、ISO 国际标准,美国 ANSIC、ANSC、MIL‑T 和 ASTME 标准,日本 JIS 标准,法国 DIN 标准。

6.1 压电式传感器的工作原理

6.1.1 压电效应

某些电介质,当沿着一定方向对其施力而使它变形时,内部就产生极化现象,同时在它的两个表面上便产生符号相反的电荷,当外力去掉后,又重新恢复到不带电状态,这种现象称为压电效应(piezoelectric effect)。当作用力方向改变时,电荷的极性也随之改变。有时人们把这种机械能转换为电能的现象,称为"正压电效应";反之,在电介质的极化方向上施加交变电场,它会产生机械变形,当去掉外加电场,电介质变形随之消失,这种现象称为逆压电效应(电致伸缩效应)。具有压电效应的物质很多,如天然形成的石英晶体、人工制造的压电陶瓷等。现以石英晶体为例,简要说明压电效应的机理。

压电式传感器
的工作原理

天然结构的石英晶体呈六角形晶柱,如图 6‑1(a)所示。石英晶体化学式为 SiO_2,是单晶体结构,它是一个正六面体。石英晶体各个方向的特性是不同的,在晶体学中可用 3 根相互垂直的轴来表示,其中纵向轴 z 称为光轴,经过六面体棱线并垂直于光轴的 x 轴称为电轴,与

x 轴和 z 轴同时垂直的 y 轴称为机械轴。通常把沿电轴 x 方向的力作用下产生电荷的压电效应称为"纵向压电效应",而把沿机械轴 y 方向的力作用下产生电荷的压电效应称为"横向压电效应"。而沿光轴 z 方向的力作用时不产生压电效应。从图 6-1(a)所示的石英晶体上切割出一块正平行六面体的切片,如图 6-1(b)所示。再进一步可以从该正六面体上切割出正方形薄片,如图 6-1(c)所示,这就是工业中常用的石英晶片。

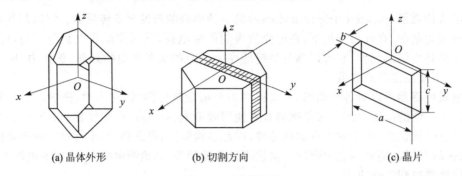

(a) 晶体外形   (b) 切割方向   (c) 晶片

图 6-1   石英晶体

下面分析石英晶体产生压电效应的机理。石英晶体的压电效应与其内部结构有关,产生极化现象的机理可用图 6-2 来说明。石英晶体的化学式为 SiO_2,它的每个晶胞中有 3 个硅离子和 6 个氧离子,1 个硅离子和 2 个氧离子交替排列(氧原子是成对出现的)。沿光轴看去,可以等效地认为是图 6-2(a)所示的正六边形排列结构。在无外力作用时,硅离子所带正电荷的等效中心与氧离子所带负电荷的等效中心是重合的,整个晶胞不呈现带电现象。当晶体沿电轴(x 轴)方向受到压力时,晶格产生变形,如图 6-2(b)所示。硅离子的正电荷中心上移,氧原子的负电荷中心下移,正负电荷中心分离,在晶体的 x 面的上表面产生正电荷,下表面出现负电荷而形成电场。反之,当沿 x 轴方向受到拉力作用时,情况恰好相反,x 面的上表面将产生负电荷,下表面产生正电荷。如果受的是交变力,则在 x 面的上下表面间将产生交变电场。如果在 x 面的上下表面镀上银电极,就能测出所产生电荷的大小。

同样,当晶体的机械轴(y 轴)方向受到压力时,也会产生晶格变形,如图 6-2(c)所示。硅离子的正电荷中心下移,氧原子的负电荷中心上移,在 x 面的上表面产生负电荷,下表面产生正电荷,这个过程恰好与 x 轴方向受压力时所产生的电场方向相反。

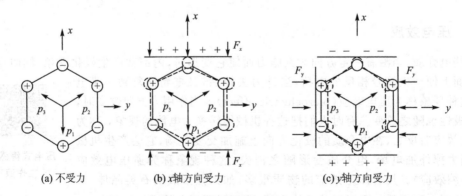

(a) 不受力   (b) x 轴方向受力   (c) y 轴方向受力

图 6-2   石英晶体压电模型

从上述分析可知,无论是沿 x 轴方向施加力还是沿 y 轴方向施加力,电荷只产生在 x 面上。光轴(z 轴)方向受力时,由于晶格的变形不会引起正负电荷中心的分离,所以不会产生压电效应。

在晶体的弹性限度内,在 x 轴方向上施加压力 F_x 时,在 x 面上产生的电荷为

$$q = d_{//}F_x \tag{6-1}$$

式中,$d_{//}$——压电常数。

在 y 轴方向施加压力时,在 x 面上产生的电荷为

$$q = -d_{//}\frac{a}{b}F_y \tag{6-2}$$

式中,a,b——石英晶片的长度和厚度。

由式(6-2)可见,沿机械轴方向的力作用在晶体上时,产生的电荷与晶体切面的几何尺寸有关,式中的负号说明沿机械轴的压力引起的电荷极性与沿电轴的压力引起的电荷极性恰好相反。

6.1.2 压电材料

压电材料是压电式传感器的敏感材料,因此,选择合适的压电材料是设计高性能传感器的关键,选择时一般须考虑如下几个因素:

① 转换性能:应具有较大的压电系数。

② 机械性能:压电元件作为受力元件,希望它的机械强度高、机械刚度大,以获得宽的线性范围和高的固有频率。

③ 电性能:应具有高的电阻率和大的介电常数,以减小电荷泄露并获得良好的低频特性。

④ 温度和湿度的稳定性要好,具有较高的居里点(压电材料的温度达到某一值时,便开始失去压电特性,这一温度称为居里点),以得到宽的工作温度范围。

⑤ 时间稳定性:电压特性应不随时间而蜕变。

应用于压电式传感器中的压电元件材料一般有四类:第一类是压电晶体;第二类是经过极化处理的压电陶瓷(前者为单晶体,而后者为多晶体);第三类是压电半导体;第四类是高分子压电材料。在传感器技术中,目前国内外普遍应用的是压电单晶中的石英晶体和压电多晶中的钛酸钡与钛酸铅系列压电陶瓷。石英晶体是天然物质,压电效应弱,但稳定,可用作标准的加速度计;压电陶瓷是人工制造的,其压电效应强,但稳定性差,常被用作工作时的加速度计。常用压电材料的主要性能如表 6-1 所列。

表 6-1 常用压电材料的主要性能

性能参数	压电材料				
	石 英	钛酸钡	锆钛酸铅 PZT-4	锆钛酸铅 PZT-5	锆钛酸铅 PZT-8
压电系数/(C/P)	$d_{11}=2.31$ $d_{14}=0.73$	$d_{15}=260$ $d_{31}=-78$ $d_{33}=190$	$d_{15}\approx410$ $d_{31}=-100$ $d_{33}=230$	$d_{15}\approx670$ $d_{31}=185$ $d_{33}=600$	$d_{15}=330$ $d_{31}=-90$ $d_{33}=200$
相对介电常数 ε_r	4.5	1 200	1 050	2 100	1 000
居里点温度/℃	573	115	310	260	300
密度/(10^3kg·m^{-3})	2.65	5.5	7.45	7.5	7.45
弹性模量/(10^9N·m^{-2})	80	110	83.3	117	123
机械品质因数	$10^5\sim10^6$	—	≥500	80	≥800

性能参数	压电材料				
	石 英	钛酸钡	锆钛酸铅 PZT-4	锆钛酸铅 PZT-5	锆钛酸铅 PZT-8
最大安全应力/$(10^5 N \cdot m^{-2})$	95~100	81	76	76	83
体积电阻率/$(\Omega \cdot m)$	$>10^{12}$	10^{10}(25 ℃)	$>10^{10}$	10^{11}(25 ℃)	—
最高允许温度/℃	550	80	250	250	—
最高允许湿度/%	100	100	100	100	—

1. 石英晶体

石英晶体是一种性能良好的压电晶体,它的突出优点是性能非常稳定。在 20~200 ℃ 的范围内,压电常数 $d_{//}$ 的变化率是 $-0.000\,16\,℃^{-1}$。当温度达到 575 ℃ 时,石英晶体就完全丧失了压电性质,因此 575 ℃ 是它的居里点。石英的熔点为 1 750 ℃,密度为 2.65 g/cm³。此外,它还具有自振频率高、动态响应好、机械强度高、绝缘性能好、迟滞小、重复性好及线性范围宽等优点。石英晶体在振荡电路中工作时,压电效应与逆压电效应交替作用,从而产生稳定的振荡输出频率。石英晶体的不足之处是压电系数较小($d_{//}=2.31\times 10^{-12}$ C/P)。因此石英晶体大多只在标准传感器、高精度传感器或使用温度较高的传感器中用作压电元件。而在一般要求测量用的压电传感器中,则基本上采用压电陶瓷。

压电材料及其
压电效应

2. 压电陶瓷

压电陶瓷是人工制造的多晶压电材料,它由无数细微的电畴组成。这些电畴实际上是分子自发极化的小区域。在无外电场作用时,各个电畴在晶体中杂乱分布,它们的极化效应被相互抵消了,因此原始的压电陶瓷呈中性,不具有压电性质,如图 6-3(a) 所示。

在陶瓷上施加外电场时,电畴的极化方向发生转动,趋向于按外电场方向的排列,从而使材料得到极化。外电场愈强,就有更多的电畴更完全地转向外电场方向。让外电场强度大到使材料的极化达到饱和的程度,即所有电畴极化方向都整齐地与外电场方向一致时,当外电场去掉后,电畴的极化方向基本不变,剩余极化强度很大,这时的材料才具有压电特性,如图 6-3(b) 所示。

(a) 未极化

(b) 电极化

电场方向

图 6-3 压电陶瓷的极化

这种因受力而产生的由机械效应转变为电效应,将机械能转变为电能的现象,被称为压电陶瓷的正压电效应。电荷量的大小与外力成如下正比关系:

$$q=d_{//}F \tag{6-3}$$

极化处理后的压电陶瓷材料的剩余极化强度和特性与温度有关,它的参数也随时间变化,从而使其压电特性减弱。压电陶瓷制造工艺成熟,通过改变配方或掺杂微量元素可使材料的技术性能有较大改变,以适应各种要求。它还具有良好的工艺性,可以方便地加工成各种需要的形状。在通常情况下,它比石英晶体的压电系数高得多,而制造成本大约是石英晶体的1‰～10‰,因此目前国内外的压电元件绝大多数都采用压电陶瓷,采用压电陶瓷制作的压电式传感器的灵敏度也较高。

最早使用的压电陶瓷材料是钛酸钡($BaTiO_3$)。它是由碳酸钡和二氧化钛按 1∶1 摩尔分子比例混合后烧结而成的。它的压电系数约为石英的 50 倍,但居里点温度只有 115 ℃,使用温度不超过 70 ℃,温度稳定性和机械强度都不如石英。

目前使用较多的压电陶瓷材料是锆钛酸铅(PZT)系列,它是钛酸铅($PbTiO_2$)和锆酸铅($PbZrO_3$)组成的 $Pb(ZrTiO_3)$,居里点在 300 ℃以上,性能稳定,有较高的介电常数和压电系数。

3. 压电半导体

1968 年以来出现了多种压电半导体,如硫化锌(ZnS)、碲化镉(CdTe)、氧化锌(ZnO)、硫化镉(CdS)、碲化锌(ZnTe)和砷化镓(GaAs)等。这些材料的显著特点是既具有压电特性,又具有半导体特性。因此,既可用其压电性研制传感器,又可用其半导体特性制作电子器件;也可以两者结合,集元件与线路于一体,研制成新型集成压电传感器测试系统。

4. 压电高分子材料

高分子材料属于有机分子半结晶或结晶聚合物,其压电效应较复杂,不仅要考虑晶格中均匀的内应变对压电效应的贡献,还要考虑高分子材料中作非均匀内应变所产生的各种高次效应以及同整个体系平均变形无关的电荷位移而表现出来的压电特性。

典型的高分子压电材料有聚偏二氟乙烯(PVF_2 或 PVDF)、聚氟乙烯(PVF)及聚氯乙烯(PVC)等。目前已发现的压电系数最高且已进行应用开发的压电高分子材料是聚偏二氟乙烯,其压电效应可采用类似铁电体的机理来解释。这种聚合物中碳原子的个数为奇数,经过机械滚压和拉伸制作成薄膜之后,带负电的氟离子和带正电的氢离子分别排列在薄膜的对应上下两边上,形成微晶偶极矩结构,经过一定时间的外电场和温度联合作用后,晶体内部的偶极矩进一步旋转定向,形成垂直于薄膜平面的碳-氟偶极矩固定结构。正是由于这种固定取向后的极化和外力作用的变化,引起了压电效应。

聚偏二氟乙烯是一种柔软的压电材料,可根据需要制成薄膜或电缆套管等形状,且不易破碎,具有防水性,可以大量连续拉制,制成较大面积或较长的尺寸,价格便宜,频率响应范围较宽,测量动态范围可达 80 dB。这些优点是其他压电材料所不具备的,因此在一些特殊用途的传感器(如水声仪器)中获得应用。此外,它与空气的声阻抗有较好的匹配性,因而很有希望成为新型电声材料。这些高分子压电材料的工作温度一般低于 100 ℃,温度升高,会导致其灵敏度降低。

6.2 压电式传感器的测量转换电路

6.2.1 压电式传感器的等效电路

由压电元件的工作原理可知,压电式传感器可以看作一个电荷发生器。同时,它也是一个电容器,晶体上聚集正负电荷的两表面相当于电容的两个极板,极板间物质等效于一种介质,则其电容量为

$$C_a = \frac{\varepsilon_r \varepsilon_0 A}{d} \tag{6-4}$$

式中,A——压电片的面积,m^2;

d——压电片的厚度,m;

ε_r——压电材料的相对介电常数,石英晶体为4.85;

ε_0——真空的介电常数,$\varepsilon_0 = 8.85 \times 10^{-12}$ F/m。

因此,压电传感器可以等效为一个电压源与电容相串联的电压等效电路。如图6-4(a)所示,电容器上的电压U_a、电荷量q和电容量C_a三者关系为

$$U_a = \frac{q}{C_a} \tag{6-5}$$

压电传感器也可以等效为一个电荷源与电容并联的电荷等效电路,如图6-4(b)所示。

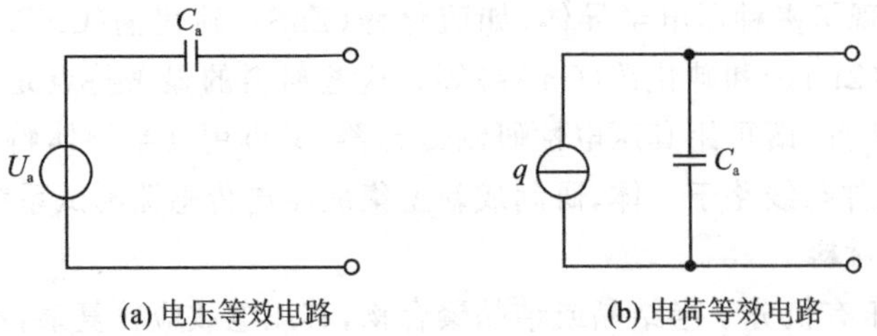

(a) 电压等效电路　(b) 电荷等效电路

图6-4　压电元件的等效电路

由等效电路可以看出,只有传感器内部信号电荷无"漏损",外电路负载无穷大时,压电传感器受力作用后产生的电压或电荷才能长期保存下来。实际上,压电传感器内部不可能没有泄漏,外电路负载也不可能无穷大,只有外力以较高的频率不断作用,压电传感器的电荷才能得到补充,从这个意义上讲,压电传感器不适合于静态测量。压电传感器在交变力的作用下,电荷可以不断补充,可以供给测量回路以一定的电流,故只适用于动态测量。

压电传感器在实际使用时总要与测量仪器或测量电路相连接,因此还需考虑连接电缆的等效电容C_c、放大器的输入电阻R_i、输入电容C_i以及压电传感器的泄漏电阻R_a。这样,压电传感器在测量系统中的实际等效电路如图6-5所示。

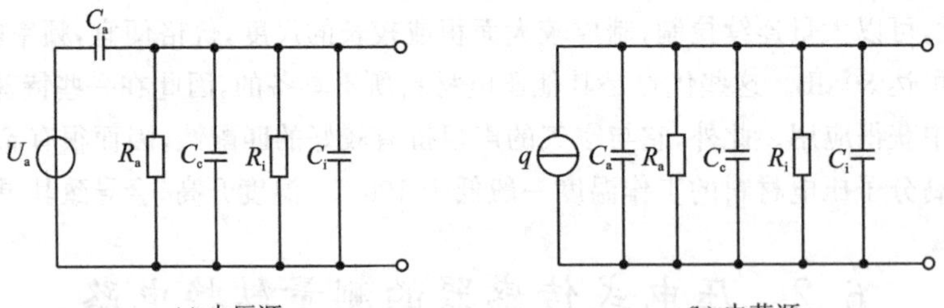

(a) 电压源　(b) 电荷源

图6-5　压电传感器的实际等效电路

6.2.2　压电式传感器的测量电路

压电传感器本身的内阻抗很高,而输出能量较小,因此它的测量电路通常需要接入一个高输入阻抗前置放大器。其作用如下:一是把它的高输出阻抗变换为低输出阻抗;二是放大压

电传感器输出的微弱信号。压电传感器的输出可以是电压信号,也可以是电荷信号,因此前置放大器也有两种形式:电压放大器和电荷放大器。由于电压放大器的输出电压与电缆电容有关,故目前多采用电荷放大器。

电荷放大器常作为压电传感器的输入电路,由一个反馈电容 C_f 和高增益运算放大器构成,如图 6 - 6 所示。当放大器开环增益 A 和输入电阻 R_i、反馈电阻 R_f(用于防止放大器直流饱和)相当大时,放大器的输出电压 U_o 正比于输入电荷 q。证明如下:设 C 为总的电容量,则有

$$U_o = -AU_i = -A\frac{q}{C} \tag{6-6}$$

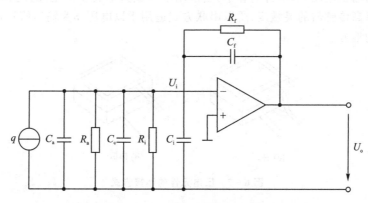

图 6 - 6　电荷放大器等效电路

由运算放大器基本特性可求出电荷放大器的输出电压,即

$$U_o = \frac{-Aq}{C_a + C_c + C_i + (1+A)C_f} \tag{6-7}$$

通常 $A = 10^4 \sim 10^8$,因此,当满足 $(1+A)C_f \gg C_a + C_c + C(1+A)$ 时,式(6 - 7)可表示为

$$U_o \approx -\frac{q}{C_f} \tag{6-8}$$

由式(6 - 8)可见,电荷放大器的输出电压 U_o 只取决于输入电荷与反馈电容 C_f,与电缆的等效电容 C_c 无关,且与 q 成正比,这是电荷放大器的最大特点。为了得到必要的测量精度,要求反馈电容 C_f 的温度和时间稳定性都很好,在实际电路中,考虑到不同的量程等因素,C_f 的容量做成可选择的。

6.2.3　压电传感器的串联与并联

在实际应用中,常使用多片压电元件,按照串联或并联的方式连接,来提高灵敏度。图 6 - 7 所示为压电元件的连接方式。

并联结构是两个压电元件共用一个负电极,负电荷全都集中在该极上,而正电荷分别集中在两边的两个正电极上,如图 6 - 7(a)所示。

这种连接方式的输出特性为:输出电荷、电容为单片的两倍,输出电压与单片相同,即

$$\begin{cases} q' = 2q \\ U' = U \\ C' = 2C \end{cases} \tag{6-9}$$

并联接法输出电荷大,本身电容也大,时间常数大,适用于测量慢变信号,当采用电荷放大

器转换压电元件上的输出电荷 q 时,并联方式可以提高传感器的灵敏度,所以并联方式适用于以电荷作为输出量的地方。

串联结构是把上一个压电元件的负极面与下一个压电元件的正极面黏结在一起,在黏结面处的正负电荷相互抵消,而在上、下两电极上分别聚集起正、负电荷,如图 6-7(b)所示。串联电荷与单片的电荷量相等,但输出电压为单片的两倍,电容为单片的 1/2,即

$$\begin{cases} q' = q \\ U' = 2U \\ C' = C/2 \end{cases} \qquad (6-10)$$

串联接法的输出电压大,本身电容小,当采用电压放大器转换压电元件上的输出电压时,串联方法可以提高传感器的灵敏度,所以串联方式适用于以电压作为输出信号,并且测量电路输入阻抗很高的地方。

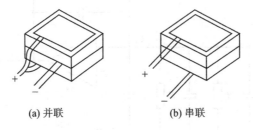

(a) 并联   (b) 串联

图 6-7 压电元件的连接方式

6.3 压电式传感器的结构与应用

广义地讲,凡是利用压电材料各种物理效应构成的种类繁多的传感器,都可称为压电式传感器,迄今它们在工业、军事和民用各个方面均已付诸应用。压电式传感器的突出特点是具有很好的高频响应特性,广泛用于测量力、压力、加速度、振动等。

6.3.1 压电式力传感器

图 6-8 所示为 YDS-78 型压电式单向动态力传感器的结构,它主要用于变化频率不太高的动态力的测量,如车床动态切削刀的测试。被测力通过传力上盖使石英晶片在沿电轴方向受压力作用而产生电荷,两块晶片沿电轴反方向叠起,其间是一个片形电极,它收集负电荷。两压电晶片正电荷侧分别与传感器的传力上盖及底座相连,因此两块压电晶片被并联起来,提高了传感器的灵敏度,片形电极通过电极引出插头将电荷输出。传感器的性能指标如表 6-2所列。

表 6-2 YDS-78 型传感器性能指标

性能指标	数　值	性能指标	数　值
测力范围/N	0～500	最小分辨率/g	0.1
绝缘阻抗/Ω	2×1 014	固有频率/kHz	50～60
非线性误差/%	<±1	重复性误差/%	<1
电荷灵敏度/(pC/kg)	38～44	质量/kg	10

图 6-9 为一种测量均布压力的传感器的结构图,拉紧的薄壁管对晶片提供预载力,而感受外部压力的是由挠性材料制成的很薄的膜片。预载筒外的空腔可以连接冷却系统,以保证传感器在一定的环境温度条件下工作,避免因温度变化造成预载力变化引起的测量误差。

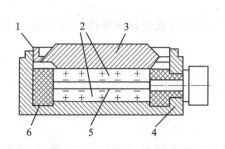

1—电子束焊接;2—晶片;3—上盖;
4—基座;5—电极;6—绝缘套

图 6-8　压电式单向动态力传感器结构图

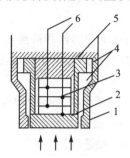

1—膜片;2—薄壁管;3—晶片;
4—冷却腔;5—外壳;6—引线

图 6-9　测量均布压力的传感器的结构图

压电式压力传感器具有体积小、质量小、结构简单、工作可靠及测量频率范围宽等优点。合理的设计能使它有较强的抗干扰能力,所以是一种应用较为广泛的力传感器。但不能测量频率太低的被测量,特别是不能测量静态参数,因此,目前多用来测量加速度和动态力或压力。

6.3.2　压电式加速度传感器

压电式加速度传感器是一种常用的加速度计,其固有频率高,高频(几千赫兹至十几千赫兹范围)响应好,如配以电荷放大器,低频特性也很好(可低至 0.3 Hz)。压电式加速度传感器的优点是体积小、质量小,缺点是要经常校正灵敏度。

图 6-10(a)为一种单端压缩式压电加速度传感器的结构原理图。图中惯性质量块"1"安装在双压电晶体片"2"上,后者与引线"3"都用导电胶黏结在底座"4"上。测量时,底部螺钉与被测件刚性固联,传感器感受与试件相同频率的振动,质量块便有正比于加速度的交变力作用在晶片上。由于压电效应,压电晶片便产生正比于加速度的表面电荷。

图 6-10(b)为梁式加速度传感器的结构原理图。它利用压电晶体弯曲变形的方案,能测量较小的加速度,具有很高的灵敏度和很低的频率下限,因此能测量地壳和建筑物的振动,在医学上也得到广泛的应用。

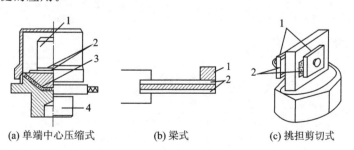

(a) 单端中心压缩式　　　(b) 梁式　　　(c) 挑担剪切式

1—质量块;2—晶片;3—引线;4—底座

图 6-10　压电式加速度传感器结构原理图

图 6 - 10(c)为挑担剪切式加速度传感器的结构原理图,由于压电元件很好地与底座隔离,因此能有效地防止底座弯曲和噪声的影响。压电元件只受剪切力的作用,这就有效地削弱了由瞬变温度引起的热释电效应。它在测量冲击和轻型板、小元件的振动测试中得到了广泛应用。

当加速度传感器和被测物一起受到冲击振动时,压电元件受质量块惯性力的作用,根据牛顿第二定律,此惯性力是加速度的函数,即

$$F = ma \qquad\qquad (6 - 11)$$

式中,F——质量块产生的惯性力;

  m——质量块的质量;

  a——加速度。

此时惯性力 F 作用于压电元件上,因而产生电荷 q,当传感器选定后,m 为常数,则传感器输出电荷为

$$q = d_{\text{//}} F = d_{\text{//}} ma$$

q 与加速度 a 成正比。因此,测得加速度传感器输出的电荷,便可知加速度的大小。

习 题

1. 什么是压电效应? 压电效应的特点是什么? 以石英晶体为例,说明压电元件是怎样产生压电效应的。
2. 常用的压电材料有哪些? 各有什么特点? 什么是极化处理?
3. 压电式传感器为什么只适用于动态测量?
4. 压电元件在串联和并联使用时各有什么特点? 为什么?
5. 给出一种压电式加速度传感器的原理结构图,并说明其工作过程及特点。

第7章 霍尔式传感器

霍尔式传感器是基于霍尔效应原理而将被测量,如电流、磁场、位移、压力、压差和转速等转换成电动势输出的一种传感器。霍尔式传感器具有结构简单,体积小,坚固,频率响应宽(从直流到微波),动态范围(输出电动势的变化)大,无触点,使用寿命长,可靠性高,易于微型化和集成电路化等优点,因此在测量技术、自动化技术和信息处理等方面得到了广泛的应用。

7.1 霍尔元件的基本工作原理

7.1.1 霍尔效应

金属或半导体薄片置于磁场中,当有电流流过时,在垂直于电流和磁场的方向上将产生电动势,这种物理现象称为霍尔效应。

如图7-1所示,假设薄片为N型半导体,长度为l,宽度为b,厚度为d。在垂直于薄片的方向上施加磁感应强度为$\boldsymbol{B}$的磁场,在薄片长度方向通以控制电流I,那么半导体中的载流子(电子)将沿着与电流I相反的方向运动。由于外磁场$\boldsymbol{B}$的作用,使电子受到磁场力f_L(洛仑兹力)而发生偏转,受力方向可由左手定则判定,即左手四指指向电流方向,让磁力线穿过掌心,则大拇指指向的就是洛仑兹力的方向。由于洛仑兹力的作用,自由电子会向一侧偏转,结果在半导体的前端面上电子积累带负电,而后端面缺少电子带正电,即在薄片的宽度方向形成电场,该场产生的电场力f_E阻止电子继续偏转。当f_E和f_L相等时,自由电子积累达到动态平衡。这时在半导体薄片宽度方向(即垂直于电流和磁场方向)所建立的电场称为霍尔电场,相应的电势称为霍尔电势U_H。上述现象称为半导体材料的霍尔效应。这种薄片(一般为半导体)称为霍尔片或霍尔元件。

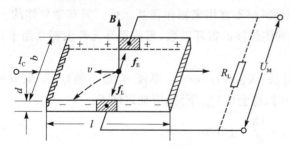

图7-1 霍尔效应原理图

霍尔式传感器简介及其工作原理

若电子都以均一的速度v按图示方向运动,在磁感应强度$\boldsymbol{B}$作用下,电子将受到洛仑兹力f_L:

$$f_L = ev\boldsymbol{B} \tag{7-1}$$

式中,e——电子所带电荷量,1.602×10^{-19} C;

v——电子运动速度；

$\boldsymbol{B}$——磁感应强度。

同时，电子所受的电场力 f_E 为

$$f_E = e\boldsymbol{E}_H = e\frac{U_H}{b} \tag{7-2}$$

式中，$\boldsymbol{E}_H$——霍耳电场强度；

　　b——霍耳片的宽度；

　　U_H——霍耳电动势。

平衡时，$f_L = f_E$，即

$$ev\boldsymbol{B} = e\frac{U_H}{b} \tag{7-3}$$

由于电流密度 $j = nev$，则电流为

$$I = nevbd \tag{7-4}$$

式中，d——霍耳片的厚度；

　　n——N 型半导体的电子浓度。

所以，

$$U_H = \frac{I\boldsymbol{B}}{ned} = R_H \cdot \frac{I\boldsymbol{B}}{d} = K_H I\boldsymbol{B} \tag{7-5}$$

式中，R_H——霍耳系数，$R_H = 1/(ne)$；

　　K_H——霍耳元件的灵敏度，$K_H = 1/(ned)$。

由式(7-5)知，当 I，$\boldsymbol{B}$ 大小一定时，K_H 越大，则霍耳元件的输出电势越大。

霍耳电压 U_H 与载流子的运动速度 v 有关，即与载流子的迁移率 μ 有关。由于 $\mu = v/E_1$（E_1 为电流方向上的电场强度），材料的电阻率 $\rho = 1/(ne\mu)$，所以霍耳系数 R_H 与载流体材料的电阻率 ρ 和载流子的迁移率 μ 的关系为

$$R_H = \rho\mu \tag{7-6}$$

其中，金属导体的 μ 大，但 ρ 小（n 大），使得 K_H 太小；绝缘体的 ρ 大（n 小），但 μ 小，须施加极高的电压才能产生很小的电流 I，故这两种材料都不宜用来制作霍耳元件。只有半导体的 ρ，μ 适中，其霍耳系数 R_H 才能大于金属导体和绝缘体的霍耳系数，因此霍耳元件大都采用半导体材料。

霍耳电压 U_H 还与元件的几何尺寸有关：$K_H = 1/(ned)$，厚度 d 越小越好，一般 $d = 0.01\ \text{mm}$；宽度 b 加大，或长宽比（l/b）减小时，将会使 U_H 下降，应加以修正：

$$U_H = R_H \cdot \frac{I\boldsymbol{B}}{d} \cdot f(l/b) \tag{7-7}$$

式中，$f(l/b)$ 为形状效应系数，一般取 $l/b = 2 \sim 2.5$（$f(l/b) \approx 1$）就足够了。

7.1.2　霍耳元件的基本结构和特性参数

1. 霍耳元件基本结构

霍耳元件的结构很简单，它由霍耳片、四根引线和壳体组成，如图 7-2(a)所示。霍耳片是一块半导体单晶薄片（一般为 4 mm×2 mm×0.1 mm），在它的长度方向两端面上焊有 1 和

$1'$两根引线,称为控制电流端引线,通常用红色导线,其焊接处称为控制电极;在它的另两侧端面的中间以点的形式对称地焊有 $2,2'$ 两根霍耳输出引线,通常用绿色导线,其焊接处称为霍耳电极。霍耳元件的壳体是用非导磁金属、陶瓷或环氧树脂封装。目前最常用的霍耳元件材料有锗(Ge)、硅(Si)、锑化铟(InSb)及砷化铟(InAs)等半导体材料。

在电路中,霍耳元件可用如图 7 - 2(b)所示的几种符号表示。

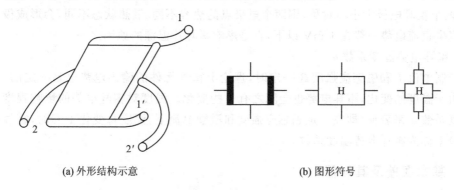

(a) 外形结构示意　　　　　　　　　　　(b) 图形符号

图 7 - 2　霍耳元件

2. 霍耳元件主要技术参数

(1) 额定激励电流 I_C 和最大允许激励电流 I_{CM}

当霍耳元件自身温升 10 ℃时所流过的电流值称为额定激励电流 I_C。在相同的磁感应强度下,I_C 值越大则可获得大的霍耳输出。在霍耳元件做好后,限制 I_C 的主要因素是散热条件。一般情况下,锗件的最大允许温升是 80 ℃,硅元件的最大允许温升是 175 ℃。当元件允许最大温升为限制时所对应的激励电流,称为最大允许激励电流 I_{CM}。

(2) 输入电阻 R_i 和输出电阻 R_o

霍耳片的两个控制电极间的电阻值称为输入电阻 R_i。霍耳电极输出电势对外电路来说相当于一个电压源,其电源内阻即为输出电阻 R_o,即两个霍耳电极间的电阻。以上电阻值是在磁感应强度为零且环境温度在(20±5)℃时确定的。一般 $R_i > R_o$,使用时不能出错。

(3) 灵敏度 K_H

霍耳元件的灵敏度定义为在单位控制电流和单位磁感应强度下,霍耳电势输出端开路时的电势值,其单位为 V/AT,它反映了霍耳元件本身所具有的磁电转换能力,一般希望它越大越好。

(4) 不等位电势 U_M 和不等位电阻 R_M

当霍耳元件的激励电流为 I 时,若元件所处位置磁感应强度为零,则它的霍耳电势应该为零,但实际不为零。这时测得的空载霍耳电势称为不等位电势 U_M。产生这一现象的原因如下:

① 霍耳电极安装位置不对称或不在同一等电位面上;

② 半导体材料不均匀造成了电阻率不均匀或是几何尺寸不均匀;

③ 激励电极接触不良造成激励电流不均匀分布等。

不等位电势也可用不等位电阻 R_M 表示

$$R_M = \frac{U_M}{I_C} \tag{7 - 8}$$

一般要求霍耳元件的 $U_M < 1\ mV$,好的霍耳元件 U_M 可以小于 $0.1\ mV$。

(5) 寄生直流电势 U_{oD}

在不加外磁场时,交流控制电流通过霍耳元件在霍耳电极间产生的直流电势为寄生直流电势 U_{oD}。其产生的原因如下:

① 激励电极与霍耳电极接触不良,形成非欧姆接触,产生整流效果;

② 两个霍耳电极大小不对称,则两个电极点的热容不同、散热状态不同,会形成极向温差电势。寄生直流电势一般在 $1\ mV$ 以下,它是影响霍耳片温漂的原因之一。

(6) 霍耳电势温度系数 α

当控制电流 I 和磁感应强度 B 一定时,理论上霍耳元件的输出电势也是一定的,但是在实际中由于温度的变化,霍耳电势也会随之有一些变化。温度对霍耳电势的影响程度用霍耳电势温度系数 α 来表征,即在一定磁感应强度和激励电流下,温度每变化 $1\ ℃$ 时,霍耳电势变化的百分率称为霍耳电势温度系数。

7.1.3 基本误差及其补偿

1. 温度误差及其补偿

霍耳元件是采用半导体材料制成的,因此它们的许多参数都具有较大的温度系数。当温度变化时,霍耳元件的载流子浓度、迁移率、电阻率及霍耳系数都将发生变化,因此,霍耳元件的输入电阻、输出电阻和灵敏度等也将受到温度变化的影响,从而给测量带来较大的误差。为了减小霍耳元件的温度误差,除选用温度系数小的元件或采用恒温措施外,也可以采取下面一些温度补偿措施。

(1) 采用恒流源供电

采用恒流源供电是一个有效措施,可以使霍耳电势稳定。但也只能减小由于输入电阻随温度变化而引起的激励电流 I 变化所带来的影响。由于温度变化也会引起霍耳元件输入电阻 R_i 变化,且灵敏度系数 K_H 也是温度的函数,因此采用恒流源后仍有温度误差。为了进一步提高 U_H 的温度稳定性,对于具有正温度系数的霍耳元件,可在其输入回路并联一个起分流作用的补偿电阻 R,如图 7-3 所示。

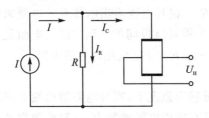

图 7-3 恒流源及输入并联
电阻温度补偿电路

当霍耳元件的输入电阻随温度升高而增加时,旁路分流电阻 R 自动地加强分流,减少了霍耳元件的控制电流,从而达到补偿的目的。由图 7-3 可知,在温度 t_0 和 t 时,

$$I_{C0} = \frac{IR}{R_{i0} + R} \qquad (7-9)$$

$$I_{Ct} = \frac{IR}{R_{it} + R} \qquad (7-10)$$

$$K_{Ht} = K_{H0}[1 + \alpha(t - t_0)] \qquad (7-11)$$

$$R_{it} = R_{i0}[1 + \beta(t - t_0)] \qquad (7-12)$$

式中,下标 $0,t$ ——温度为 t_0 和 t 时的有关值;

α , β——输入电阻的温度系数。

当温度影响完全补偿时，$U_{H0} = U_{Ht}$，则

$$K_{H0} I_{C0} \boldsymbol{B} = K_{Ht} I_{Ct} \boldsymbol{B} \tag{7-13}$$

将式(7-8)～式(7-11)代入式(7-12)，可得

$$1 + \alpha(t - t_0) = [R + R_{i0} + R_{i0}\beta(t - t_0)]/R_{i0} + R$$

故

$$R = (\beta - \alpha)R_{i0}/\alpha \tag{7-14}$$

霍耳元件的 R_{i0}，α 和 β 值在产品说明书中均有数值。通常 $\beta \gg \alpha$，故 $\beta - \alpha \approx \beta$，因此式(7-14)为

$$R \approx \beta R_{i0}/\alpha \tag{7-15}$$

(2) 选取合适的负载电阻 R_L

霍耳元件的输出电阻 R_o 和霍耳电势都是温度的函数(设为正温度系数)，霍耳元件应用时，其输出总要接负载 R_L(如电压表内阻或放大器的输入阻抗等)。当工作温度改变时，输出电阻 R_o 的变化必然会引起负载上输出电势的变化。R_L 上的电压为

$$U_L = \frac{U_{Ht}}{R_L + R_{ot}}R_L = \frac{R_L U_{H0}[1 + \alpha(t - t_0)]}{R_L + R_{o0}[1 + \beta(t - t_0)]} \tag{7-16}$$

式中，R_{o0}——温度为 t_0 时霍耳元件的输出电阻；其他符号含义同上。

为使负载上的电压不随温度而变化，应使 $\mathrm{d}U_L/\mathrm{d}(t - t_0) = 0$，即得

$$R_L = R_{o0}\left(\frac{\beta}{\alpha} - 1\right) \tag{7-17}$$

对于一个确定的霍耳元件，可以方便地获得 α，β 和 R_{o0} 的值，因此只要使负载电阻 R_L 满足式(7-17)，就可以在输出回路实现对温度误差的补偿。霍耳电压的负载通常是测量仪表或测量电路，其阻值是一定的，但可用串联或并联电阻的方法使式(7-17)得到满足，以此来补偿温度误差。但此时灵敏度将相应降低。

(3) 采用热敏元件

对于由温度系数较大的半导体材料制成的霍耳元件，常常用在电路中加入热敏元件的方法来进行温度补偿，如图 7-4 所示。图 7-4(a)所示是在输入回路中进行温度补偿的电路，即当温度变化时，用 R_t 的变化来抵消霍耳元件的灵敏度和输入电阻变化对霍耳输出电势的影响。图 7-4(b)所示是在输出回路进行温度补偿的电路，当温度变化时，用 R_t 的变化来抵消霍耳电势和输出电阻变化对负载电阻上电压的影响。在安装测量电路时，热敏元件最好与霍耳

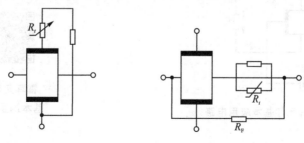

(a) 在输入回路进行补偿　　　　(b) 在输出回路进行补偿

图 7-4　采用热敏元件的温度补偿电路

元件封装在一起或尽量靠近,以使二者的温度变化一致。

2. 不等位电势及其补偿

霍耳元件的零位误差主要有不等位电势和寄生直流电势等。不等位电势 U_M 是霍耳误差中最主要的一种。U_M 产生的原因是由于制造工艺不可能保证两个霍耳电极绝对对称地焊在霍耳片的两侧,致使两电极点不能完全位于同一等位面上;此外霍耳片电阻率不均匀、霍尔片厚薄不均匀或控制电流极接触不良等将使等位面歪斜,致使两霍耳电极不在同一等位面上而产生不等位电势。

除了工艺上采取措施降低 U_M 外,还须采用补偿电路加以补偿。霍耳元件可等效为一个四臂电桥,因此所有能使电桥达到平衡的方法都可用于补偿不等位电势。图 7-5 所示为几种补偿电路,图 7-5(a)所示为不对称补偿电路,这种电路结构简单、易调整,但是工作温度变化后原补偿关系遭到破坏;图 7-5(b),(c),(d)所示为对称电路,在温度变化时补偿的稳定性较好。

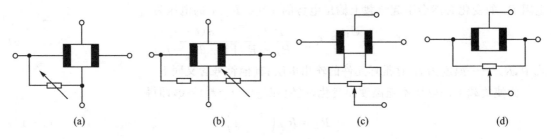

（a）　　　　　　　（b）　　　　　　　（c）　　　　　　　（d）

图 7-5　不等位电势

7.1.4　霍耳元件的应用电路

图 7-6 所示为霍耳元件的基本应用电路。控制电流 I 由电源 E 供给,调节 R 控制电流 I 的大小,霍耳元件输出接负载电阻 R_L,R_L 可以是放大器的输入电阻或测量仪表的内阻。由于霍耳元件必须在磁场 B 与控制电流 I 作用下才会产生霍耳电势,因此在实际应用中,可以把 I 和 B 的乘积,或者 I,或者 B 作为输入信号,则霍耳元件的输出电势分别正比于 IB 或 I 或 B。当控制电流采用交流时,由于建立霍耳电势所需时间短,因此交流电频率高达几千兆赫兹。

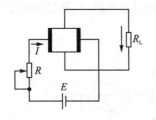

图 7-6　霍耳元件基本应用电路

霍耳元件的

基本测量电路

霍耳元件的控制电流可以采用恒流驱动或恒压驱动,如图 7-7 所示。恒流驱动线性度高,精度高,受温度影响小;恒压驱动电路简单,但性能较差,随着磁感应强度增加,线性变坏,仅用于精度要求不高的场合。两种驱动方式各有优缺点,应根据工作要求确定驱动方式。

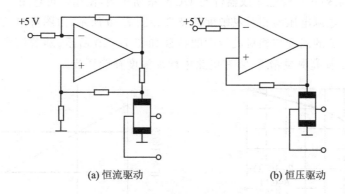

(a) 恒流驱动　　　　　　　　(b) 恒压驱动

图 7-7　霍耳元件的驱动方式

7.2　霍耳集成电路

将霍耳元件及其放大电路、温度补偿电路和稳压电源等集成在一个芯片上构成独立器件——集成霍耳器件,不仅尺寸紧凑便于使用,而且有利于减小误差,改善稳定性。根据内部测量电路和霍耳元件工作条件的不同,分为霍耳线性集成器件和霍耳开关集成器件两种。

7.2.1　霍耳线性集成器件

线性集成电路是将霍耳元件和恒流源、线性差动放大器等做在一个芯片上,输出电压为伏级,比直接使用霍耳元件方便得多。霍耳线性集成器件的输出电压与外加磁场强度在一定范围内呈线性关系,它有单端输出和双端输出(差动输出)两种电路。这种集成器件一般由霍耳元件和放大器组成,当外加磁场时,霍耳元件产生与磁场成线性比例变化的霍耳电压,经放大器放大后输出。其内部结构如图 7-8 所示。

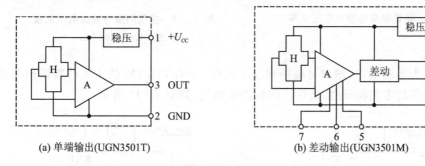

(a) 单端输出(UGN3501T)　　　(b) 差动输出(UGN3501M)

图 7-8　霍耳线性集成器件

UGN3501T,3501U,3501M 是美国 SPRAGUN 公司生产的 UGN 系列霍耳线性集成器件的代表产品,其中 T,U 两种型号为单端输出,区别仅是厚度不同,T 型厚度为 2.03 mm,U 型为 1.54 mm,为塑料扁平封装三端元件,1 脚为电源端,2 脚为地,3 脚为输出端;UGN3501M 为双端输出 8 脚 DIP 封装,1,8 脚为输出,3 脚为电源,4 脚为地,5,6,7 脚外接补偿电位器,2 脚空。

国产 CS3500 系列霍耳线性集成器件与 UGN 系列相当,使用时可选用。

UGN3501T 的电源电压与相对灵敏度的特性如图 7-9 所示,由图可知,U_{CC} 高时,输出灵敏度高。UGN3501T 的温度与相对灵敏度的特性如图 7-10 所示,随着温度的升高,其灵敏度下降。因此,若要提高测量精度,需在电路中增加温度补偿环节。

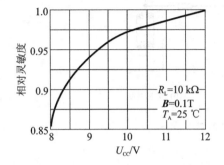

图 7-9　U_{CC} 与相对灵敏度关系

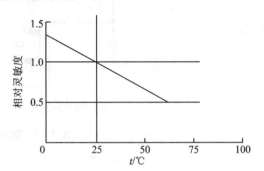

图 7-10　温度与相对灵敏度关系

UGN3501T 的磁场强度与输出电压特性如图 7-11 所示,由图可见,在 ±0.15 T 磁场强度范围内,有较好的线性度,超出此范围时呈饱和状态。UGN3501 的空气间隙与输出电压特性如图 7-12 所示,由图可见,输出电压与空气间隙并不是线性关系。

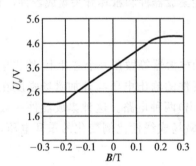

图 7-11　磁场强度与输出电压关系

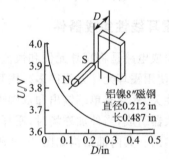

图 7-12　空气间隙与输出电压关系

注:1 in=0.304 8 m

UGN3501M 为差动输出,输出与磁场强度呈线性。UGN3501M 的 1,8 两脚输出与磁场的方向有关,当磁场的方向相反时,其输出的极性也相反,如图 7-13 所示。

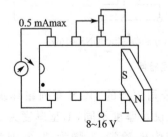

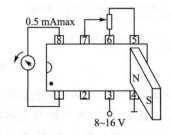

图 7-13　UGN3501M 的输出与磁场方向关系

UGN3501M 的 5,6,7 脚接一调整电位器时,可以补偿不等位电势,并且可改善线性,但灵敏度有所下降。若允许一定的不等位电势输出,则可不接电位器。输出特性如图 7-14 所示。

若以 UGN3501M 的中心为原点,磁钢与 UGN3501M 的顶面之间距离为 D,则其移动的距离与输出的差动电压如图 7-15 所示。由图可以看出,当空气间隙为零时,每移动 0.001 in (0.025 4 mm)输出为 3 mV,即相当 118 mV/mm;当采用高能磁钢(如钐钴磁钢或钕铁硼磁钢),每移动 1 in,能输出 30 mV,并且在一定距离内呈线性。

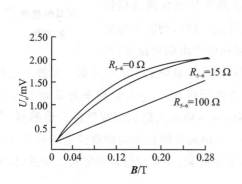

图 7-14　UGN3501M 输出与磁场强度关系图

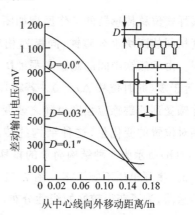

图 7-15　移动距离与输出关系

注:1 in＝0.304 8 m

7.2.2　霍耳开关集成器件

霍耳开关集成器件是利用霍耳效应与集成电路技术制成的一种传感器,以开关信号形式输出。霍耳开关集成器件具有使用寿命长、无触电磨损、无火花干扰、工作频率高、温度特性好及能适应恶劣环境等优点。

常用的霍耳开关集成器件内部组成如图 7-16 所示。它由霍耳元件、放大器、施密特整形电路和集电极电路及开关输出等部分组成。稳压电路可使传感器在较宽的电源电压范围内工作,开关输出可使该电路方便地与各逻辑电路连接。

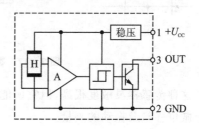

图 7-16　霍耳开关集成器件内部组成

当有磁场作用在霍耳开关集成器件上时,根据霍耳效应原理,霍耳元件输出霍耳电压,该电压经放大器放大后,送至施密特整形电路。当放大后的霍耳电压大于"开启"阈值时,施密特电路翻转,输出高电平,三极管导通,整个电路处于开状态。当磁场减弱时,霍耳元件输出的霍耳电压很小,经放大器放大后其值还小于施密特的"关闭"阈值时,施密特整形器又翻转,输出低电平,三极管截止,电路处于关状态。因此,一次磁场强度的变化,就使霍耳器件完成了一次开关动作。

7.3　霍耳传感器的应用

霍耳传感器(霍耳元件和集成霍耳器件)的尺寸小、外围电路简单、频响宽、动态特性好及使用寿命长,因此被广泛地应用于测量、自动控制及信息处理等领域。

7.3.1　霍耳式位移传感器

霍耳式位移传感器的工作原理如图7-17所示。图7-17(a)所示为磁场强度相同的两块永久磁铁,同极性相对地放置,霍耳元件处在两块磁铁的中间。由于磁铁中间的磁感应强度$B=0$,因此霍耳元件输出的霍耳电势U_H也等于零,此时位移$\Delta x=0$。若霍耳元件在两磁铁中产生相对位移,霍耳元件感受到的磁感应强度也随之改变,这时U_H不为零,其量值大小反映出霍耳元件与磁铁之间相对位置的变化量,这种结构的传感器,其动态范围可达5 mm,分辨率为0.001 mm。图7-17(b)所示为一种结构简单的霍耳位移传感器,由一块永久磁铁组成磁路的传感器,在$\Delta x=0$时,霍耳电压不等于零。图7-17(c)所示为一个由两个结构相同的磁路组成的霍耳式位移传感器,为了获得较好的线性分布,在磁极端面装有极靴,霍耳元件调整好初始位置时,可以使霍耳电压$U_H=0$。

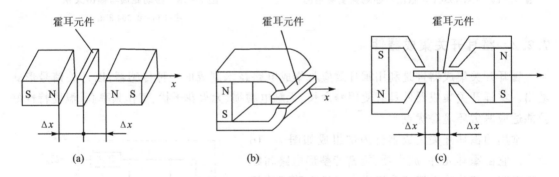

图7-17　霍耳式位移传感器的工作原理图

这种传感器灵敏度很高,但它所能检测的位移量较小,适合于微位移量及振动的测量。

7.3.2　霍耳电流传感器

霍耳传感器广泛用于测量电流,从而可以制成电流过载检测器或过载保护装置;在电机控制驱动中,作为电流反馈元件,构成电流反馈回路,构成电流表。

霍耳电流传感器原理如图7-18所示。标准软磁材料圆环中心直径为40 mm,截面积为4 mm×4 mm(方形);圆环上有一缺口,放入集成霍耳元件;圆环上绕有一定匝数线圈,

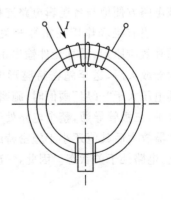

图7-18　霍耳电流传感器

并通过检测电流产生磁场，则霍耳器件有信号输出。根据磁路理论，可以算出：当线圈为 7 匝、电流为 20 A 时，可产生 0.1 T 的磁场强度，若集成霍耳元件的灵敏度为 14 mV/mT，则在 0～20 A 电流范围内，其输出电压变化为 1.4 V；当线圈为 11 匝、电流为 50 A 时，可产生 0.3 T 的磁场强度，在 0～50 A 电流范围内，其输出电压变化为 4.2 V。

7.3.3　霍耳功率传感器

由原理可知，U_H 与 I 和 $\boldsymbol{B}$ 的乘积成正比，如果 I 和 $\boldsymbol{B}$ 是两个独立变量，霍耳器件就是一个简单实用的模拟乘法器；如果 I 和 $\boldsymbol{B}$ 分别与某一负载两端的电压和通过的电流有关，则霍耳器件便可用于负载功率测量。图 7－19 为霍耳功率传感器原理图。负载 Z_L 所取电流 i 流过铁芯线圈以产生交变磁感强度 $\boldsymbol{B}$，电源电压 U 经过降压电阻 R 得到的交流电流 i_C 流过霍耳器件，则霍耳器件输出电压 U_H 便与电功率 P 成正比，即

$$U_H = K_H i_C \boldsymbol{B} = K_H \cdot K_i U_m \sin\omega t \cdot K_{\boldsymbol{B}} I_m \sin(\omega t + \varphi)$$
$$= K U_m I_m \sin\omega t \cdot \sin(\omega t + \varphi) \tag{7-18}$$

则霍耳电压 u_H 平均值为

$$U_H = \frac{1}{T}\int u_B \mathrm{d}t = \frac{1}{T}\int K U_m I_m \frac{1}{2}\left[\cos\varphi - \cos(2\omega t + \varphi)\right]\mathrm{d}t$$

$$= \frac{1}{2}K U_m I_m \cos\varphi = K_P U I \cos\varphi = K_P P \tag{7-19}$$

式中，K_H——霍耳灵敏度；

$\quad K_i$——与降压电阻 R 有关的系数；

$\quad K_{\boldsymbol{B}}$——与线圈有关的系数；

$\quad K_P$——总系数；

$\quad U_m, I_m$——电源电压与负载电流幅值；

$\quad \varphi$——与负载 Z_L 有关的功率角；

$\quad P$——有功功率。

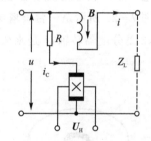

图 7－19　霍耳器件测电功率

若将图 7－19 中的电阻 R 改用电容 C 代替，则可测无功功率 Q，即

$$U'_H = \frac{1}{2}K U_m I_m \sin\varphi = K_P Q \tag{7-20}$$

利用霍耳元件不仅可以完成功率测量（乘积功能），还可以完成开方功能。

7.3.4　霍耳转速传感器

利用霍耳开关器件测量转速的原理很简单，只要在被测转速的主轴上安装一个非金属圆形薄片，将磁钢嵌在薄片圆周上，主轴转动一周，霍耳传感器就输出一个检测信号。当磁钢与霍耳器件重合时，霍耳传感器输出低电平；当磁钢离开霍耳器件时，输出高电平。信号可经非门（或施密特触发器）整形后，形成脉冲，只要对此脉冲信号计数就可以测得转速。为了提高转速测量的分辨率，可增加薄片圆周上磁钢的个数。

图 7-20 所示为几种不同结构的霍耳式转速传感器。磁性转盘的输入轴与被测转轴相连,当被测转轴转动时,磁性转盘随之转动,固定在磁性转盘附近的霍耳传感器便可在每一个小磁铁通过时产生一个相应的脉冲,检测出单位时间的脉冲数,便可知被测转速。磁性转盘上小磁铁数目的多少决定了传感器测量转速的分辨率。

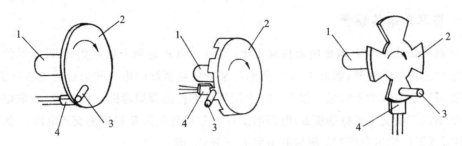

1—输入轴;2—转盘;3—小磁铁;4—霍耳传感器

图 7-20　几种霍耳式转速传感器的结构

7.3.5　霍耳式无触点汽车电子点火装置

传统的汽车发动机点火装置采用机械式分电器,它由分电器转轴凸轮来控制合金触点的闭、合,存在着易磨损、点火时间不准确、触点易烧坏及高速时动力不足等缺点。采用霍耳式无触点电子点火装置能较好地克服上述缺点。

图 7-21 所示是一台桑塔纳汽车中用到的霍耳式点火装置。图中 1 是触发器叶片,2 是槽口,3 是分电器转轴,4 是永久磁铁,5 是霍耳集成电路(PNP 型霍耳 IC)。

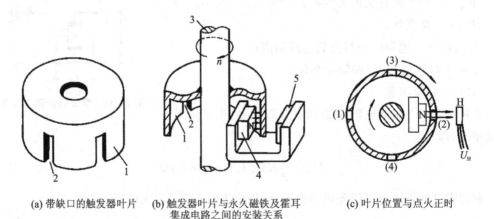

(a) 带缺口的触发器叶片　　(b) 触发器叶片与永久磁铁及霍耳　　(c) 叶片位置与点火正时
　　　　　　　　　　　　　集成电路之间的安装关系

图 7-21　桑塔纳汽车霍耳式分电器示意

在图 7-22 中,当叶片槽口转到霍耳 IC 面前时,霍耳 IC 输出跳变为高电平,经反相变为低电平,达林顿晶体管截止,切断点火线圈的低压侧电流。由于没有续流元件,因此存储在点火线圈铁芯中的磁场能量在高压侧感应出 $30\sim50$ kV 的高电压。

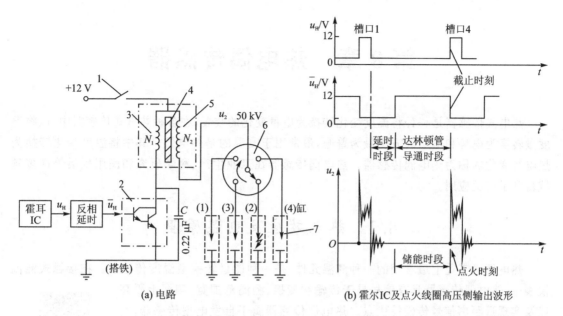

(a) 电路　　　　　　　　　　(b) 霍尔IC及点火线圈高压侧输出波形

1—点火开关；2—达林顿晶体管功率开关；3—点火线圈低压侧；4—点火线圈铁芯；

5—点火线圈高压侧；6—分火头；7—火花塞

图 7-22　汽车电子点火电路及波形

习　题

1. 什么是霍耳效应？霍耳电势的大小和方向与哪些因素有关？

2. 为什么导体材料和绝缘体材料不宜用作霍耳元件？

3. 霍耳元件存在不等位电势的主要原因有哪些？如何对其进行补偿？

4. 霍耳元件主要有哪些技术参数？分别是怎样定义的？

5. 为什么霍耳元件要进行温度补偿？主要有哪些补偿方法？补偿的原理是什么？

6. 集成霍耳传感器有什么特点？

7. 画出两种霍耳元件的驱动电路，简述其优缺点。

8. 若一个霍耳器件的 $K_H = 40$ mV/(mA·T)，控制电流 $I = 3$ mA，将它置于 10^{-4} T，0.5 T 变化的磁场中，它输出的霍耳电势范围多大？

9. 设计一个采用霍耳传感器的液位控制系统。要求画出磁路系统示意图和电路原理图，并简要说明其工作原理。

10. 试分析题图 7-1 所示电路中，霍耳输出电势 U_H 与输入电流 I_i 的关系，并说明此电路的作用。

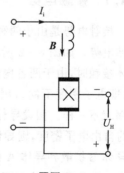

题图 7-1

第8章 热电偶传感器

热电式传感器是一种将温度变化转换为电量变化的装置,在各种热电式传感器中,以将温度量转换为电势和电阻的方法最为普遍,最常用于测温的是热电偶。其中将温度变化转换为热电势变化的称为热电偶传感器。热电偶传感器在工业生产、科学研究和民用生活等许多领域得到了广泛应用。

8.1 热电效应及测温原理

热电偶是工业上最常用的一种测温元件,是一种能量转换型温度传感器。在接触式测温仪表中,热电偶传感器具有信号易于传输和变换、测温范围宽、测温上限高以及实现远距离信号传输等优点。热电偶传感器属于自发电型传感器,它主要用于$-270\sim+1\,800\ ℃$范围内的温度测量。

热电偶传感器的
工作原理

一般来说将两种不同的导体(或半导体)A 和 B 组成一个闭合回路,若两接触点温度(设 $T>T_0$)不同,则在回路中有电势产生,形成回路电流,该现象称为热电效应或塞贝克(Seebeck)效应。回路中的电势称为热电势,用$E_{AB}(T,T_0)$或$E_{AB}(t,t_0)$表示。

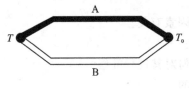

图 8-1 热电效应

在测量技术中,把由两种不同材料构成的上述热电交换元件称为热电偶,如图 8-1 所示,A、B 导体称为热电极。两个接点,一个为热端(T),又称工作端;另一个为冷端(T_0),又称自由端或参考端。

热电势由两部分组成,一部分是两种导体的接触电势,另一部分是单一导体的温差电势。

8.1.1 接触电势

接触电势是由于两种不同导体的自由电子密度不同而在接触处形成的电动势,又称为珀尔帖电势。如图 8-2 所示,当 A 和 B 两种不同材料的导体接触时,由于两者内部单位体积的自由电子数目不同(即电子密度不同),因此,电子在两个方向上扩散的速率就不一样。假设导体 A 的自由电子密度大于导体 B 的自由电子密度,则导体 A 扩散到导体 B 的电子数要比导体 B 扩散到导体 A 的电子数大。所以导体 A 失去电子带正电荷,导体 B 得到电子带负电荷。于是,在 A,B 两导体的接触界面上便形成一个由 A 到 B 的电场。该电场的方向与扩散进行的方向相反,它将引起反方向的电子转移,阻碍扩散作用的继续进行。当扩散作用与阻碍扩散作用相等时,即自导体 A 扩

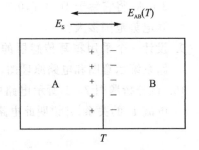

图 8-2 接触电势

散到导体 B 的自由电子数与在电场作用下自导体 B 到导体 A 的自由电子数相等时,便处于一种动态平衡状态。在这种状态下,A 与 B 两导体的接触处产生了电位差,称为接触电势。对于温度分别为 T 和 T_0 的两接点,可得下列接触电势公式:

接触点 T 处接触电势为

$$E_{AB}(T) = \frac{kT}{e} \ln \frac{n_A(T)}{n_B(T)} \tag{8-1}$$

接触点 T_0 处接触电势为

$$E_{AB}(T_0) = \frac{kT_0}{e} \ln \frac{n_A(T_0)}{n_B(T_0)} \tag{8-2}$$

总接触电势为

$$E_{AB}(T) - E_{AB}(T_0) = \frac{k}{e}(T - T_0) \ln \frac{n_A}{n_B} \tag{8-3}$$

式中,e——电子所带电荷量,$e = 1.602 \times 10^{-19}$ C;

k——玻耳兹曼常数,$k = 1.38 \times 10^{-23}$ J/K;

$n_A(T), n_B(T)$——材料 A,B 在温度为 T 时的自由电子密度;

$n_A(T_0), n_B(T_0)$——材料 A,B 在温度为 T_0 时的自由电子密度。

由式(8-3)可知:接触电势的大小与导体材料、接点的温度有关,与导体的直径、长度及几何形状无关。温度越高,接触电势越大;两种导体密度的比值越大,接触电势也越大。

8.1.2 温差电势

温差电势是在同一导体的两端因其温度不同而产生的一种热电势,又称汤姆逊电势。将某一导体两端分别置于不同的温度场 T, T_0 中,在导体内部,热端自由电子具有较大的动能,向冷端移动,从而使热端失去电子带正电荷,冷端得到电子带负电荷。这样,导体两端便产生了一个由热端指向冷端的静电场,该静电场阻止电子从热端向冷端移动,最后达到动态平衡状态。此时导体两端产生一个相应的电势差,这就是温差电势,如图 8-3 所示。

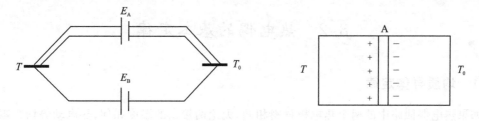

图 8-3 温差电势

导体 A 中的温差电势为

$$E_A(T - T_0) = \int_{T_0}^{T} \sigma_A dT \tag{8-4}$$

导体 B 中的温差电势为

$$E_B(T - T_0) = \int_{T_0}^{T} \sigma_B dT \tag{8-5}$$

回路中总的温差电势为

$$E_A(T-T_0)-E_B(T-T_0)=\int_{T_0}^{T}(\sigma_A-\sigma_B)\mathrm{d}T \qquad (8-6)$$

式中,σ——导体的汤姆逊系数,它表示温差为 1 ℃时所产生的电势值。

式(8-6)表明,热电偶回路的温差电势只与热电极材料和两接点的温度有关,而与热电极的几何尺寸和沿热电极的温度分布无关。如果两接点温度相同,则温差电势为零。

8.1.3　总电势

综合考虑 A,B 组成的热电偶(见图 8-4)回路,当 $T \neq T_0$ 时,总的热电势为

$$E_{AB}(T,T_0)=E_{AB}(T)+E_B(T,T_0)-E_{AB}(T_0)-E_A(T,T_0)$$
$$=\frac{k}{e}(T-T_0)\ln\frac{n_A}{n_B}+\int_{T_0}^{T}(\sigma_A-\sigma_B)\mathrm{d}T \qquad (8-7)$$

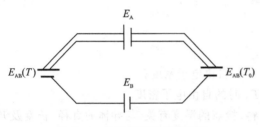

图 8-4　热电偶回路总热电势

式(8-7)表明,热电偶回路中总的热电势为两接点热电势的代数和。当热电极材料确定后,热电偶的总的热电势 $E_{AB}(T,T_0)$ 成为温度 T 和 T_0 的函数之差。如果使冷端温度固定不变,则热电势就只是温度 T 的单值函数了。这样只要测出热电势的大小,就能判断测温点温度 T 的高低,这就是利用热电现象测温的基本原理。

由此还可得出如下结论:

① 如果热电偶两电极材料相同,则虽两端温度不同,但总输出电势仍为零,因此,必须由两种不同的材料才能构成热电偶。

② 如果热电偶两接点温度相同,则回路中的总电势必然等于零。

③ 热电势的大小只与材料和接点温度有关,与热电偶的尺寸、形状及沿电极温度分布无关。

8.2　热电偶的基本定律

8.2.1　均质导体定律

如果热电偶回路中的两个热电极材料相同,无论两接点的温度如何,热电动势均为零。对于两种均质材料组成的热电偶,其电势大小与热电极直径、长度及沿热电极长度上的温度分布无关,只与热电极材质和两端温度有关。

如果材质不均匀,则当热电极上各处温度不同时,将产生附加热电势,造成测量误差,因此,热电极材料的均匀性是衡量热电偶质量的重要指标之一。

8.2.2　中间温度定律

一支热电偶的测量端和参考端的温度分别为 T 和 T_1 时,其热电势为 $E_{AB}(T,T_1)$;温度分别为 T_1 和 T_0 时,其热电势为 $E_{AB}(T_1,T_0)$;温度分别为 T 和 T_0 时,该热电偶的热电势

$E_{AB}(T,T_0)$为前二者之和,这就是中间温度定律,其中 T_1 称为中间温度。

$$E_{AB}(T,T_0) = E_{AB}(T,T_1) + E_{AB}(T_1,T_0) \qquad (8-8)$$

根据这一定律,只要给出自由端为 0 ℃时的热电势和温度的关系,就可以求出冷端为任意温度 T_0 的热电偶热电势,即

$$E_{AB}(T,T_0) = E_{AB}(T,0) + E_{AB}(0,T_0) \qquad (8-9)$$

8.2.3　中间导体定律

在热电偶回路中插入第三种导体C,如图 8-5 所示,只要 C 两端温度相同,且插入导体是均质的,则回路热电势不变。

同理,热电偶回路中接入多种导体后,只要保证接入的每种导体的两端温度相同,则对热电偶的热电势没影响。根据这一性质,可以在热电偶的回路中引入各种仪表和连接导线等。例如,在热电偶的自由端接入一只测量电势的仪表,保证两个接点的温度相等,就可以对热电势进行测量,而且不影响热电势的输出。

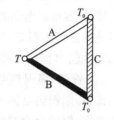

图 8-5　中间导体连接的测温系统

8.3　热电极的材料及热电偶的类型结构

8.3.1　热电极材料

根据热电效应,只要是两种不同性质的任何导体都可配制成热电偶,但在实际情况下,并不是所有材料都可成为有实用价值的热电极材料,因为还要考虑到灵敏度、准确度、可靠性和稳定性等条件,故作为热电极的材料,一般应满足如下要求:

① 在同样的温差下产生的热电势要大,且其热电势与温度之间呈线性或近似线性的单值函数关系。

② 耐高温、抗辐射性能好,在较宽的温度范围内其化学、物理性能稳定。

③ 电阻温度系数小,电导率要高。

④ 易于复制,工艺性与互换性好,便于制定统一的分度表,材料要有一定的韧性,焊接性能好,以利于制作。

根据用途、结构和安装形式等,热电偶可分为多种类型。

8.3.2　热电偶类型

1. 按照热电偶材料划分

并不是所有的材料都能作为热电偶材料。按照国际计量委员会规定的《1990 年国际温标》的标准,规定了几种通用热电偶。

(1) 铂铑 10-铂热电偶(分度号为 S)

铂铑 10-铂热电偶的正极是铂铑合金丝(用 90%铂和 10%铑冶炼而成),负极是纯铂丝。其测温范围为 0~1 600 ℃,优点是热电特性稳定、测量准确度高、熔点高、便于复制,可作为基准和标准热电偶。缺点是热电势较低、价格昂贵,不能用于金属蒸气和还原性气体中。

（2）铂铑 30-铂铑 6 热电偶（分度号为 B）

铂铑 30-铂铑 6 热电偶的正极是铂铑合金（70％铂和 30％铑冶炼而成），负极是铂铑合金（94％铂和 6％铑冶炼而成）。其测温范围为 0～1 700 ℃，宜在氧化性和中性介质中使用，在真空中可以短期使用。它不能在还原性介质及含有金属或非金属蒸气的介质中使用，除非外面套合适的保护管才可以使用。

（3）镍铬-镍硅热电偶（分度号为 K）

镍铬-镍硅热电偶的正极是镍铬合金，负极是镍硅合金。其测温范围为 −200～+1 200 ℃，优点是测温范围很宽、热电动势与温度关系近似线性、热电动势大及价格低。缺点是热电动势的稳定性较 B 型或 S 型热电偶差，且负极有明显的导磁性。

（4）镍铬-康铜热电偶（分度号为 E）

镍铬-康铜热电偶的正极是镍铬合金，负极是康铜（铜、镍合金冶炼而成）。这种热电偶也称为镍铬-铜镍合金热电偶。其测温范围为 −200～+900 ℃，优点是热电动势是所有热电偶中最大的，热电特性的线性好，价格也便宜。缺点是不能用于高温，长期使用温度上限是 600 ℃，康铜易氧化变质，使用时应加保护套管。

标准热电偶有统一分度表，而非标准化热电偶没有统一的分度表，在应用范围和数量上不如标准化热电偶。但这些热电偶一般是根据某些特殊场合的要求而研制的，例如，在超高温、超低温、核辐射和高真空等场合，一般的标准化热电偶不能满足需求，此时必须采用非标准化热电偶。使用较多的非标准化热电偶有钨铼、镍铬-金铁等。下面介绍一种在高温测量方面具有特别良好性能的钨铼热电偶。

（5）钨铼热电偶

钨铼热电偶的正极是钨铼合金（95％钨和 5％铼冶炼而成），负极是钨铼（80％钨和 20％铼冶炼而成）。它是目前测温范围最大的一种热电偶。测量温度上限为 2 800 ℃，短期可达 3 000 ℃。高温抗氧化能力差，可使用在真空、惰性气体介质或氢气介质中，不宜用在还原性介质、潮湿的氢气及氧化性介质中。热电势和温度的关系近似直线，在高温为 2 000 ℃时，热电势接近 30 mV。

2．按照热电偶结构划分

将两热电极的一个端点紧密焊接在一起组成接点就构成了热电偶。在热电偶两热电极之间通常用耐高温材料绝缘，如图 8-6 所示。

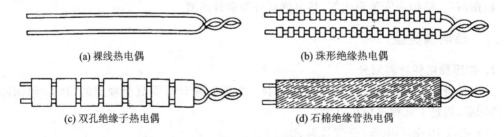

(a) 裸线热电偶　　　　　　　　　　(b) 珠形绝缘热电偶

(c) 双孔绝缘子热电偶　　　　　　　(d) 石棉绝缘管热电偶

图 8-6　热电偶电极的绝缘方法

热电偶结构形式很多，按热电偶结构划分有普通热电偶、铠装热电偶、薄膜热电偶、表面热电偶及浸入式热电偶。

（1）普通热电偶

工业上常用的热电偶一般由热电极、绝缘管、保护套管和接线盒组成。这种热电偶主要用于气体、蒸汽及液体等介质的测温。这类热电偶已经制成标准形式,可根据测温范围和环境条件来选择合适的热电极材料及保护套管。

热电极作为测温敏感元件,是热电偶温度传感器的核心部分,其测量端通常采用焊接方式制成,贵金属热电极直径大多为 0.13～0.65 mm,普通金属热电极直径为 0.5～3.2 mm。热电极长度由使用、安装条件,特别是工作端在被测介质中插入深度来决定,常用的长度为350 mm。绝缘管则用于防止两热电极之间发生短路,其材料的选用要根据使用的温度范围和对绝缘性能的要求而定,常用的是氧化铝和耐火陶瓷,一般制成圆形。保护套管是起到保护、固定和支撑热电极的作用,作为保护套管的材料应有较好的气密性、足够的机械强度、化学性能稳定及抗震性好等特点,常用的材料有金属和非金属两类,因根据热电偶类型、测温范围和使用条件等因素来选择。接线盒是用来固定接线座和连接外接导线的,起着保护热电极免受外界环境侵蚀和外接导线与接线柱良好接触的作用。接线盒一般由铝合金制成,通常设计成普通型、防溅型、防水型和防爆型等类型,接线端子注明热电极的正、负极性。图 8 - 7 所示为普通型热电偶结构。

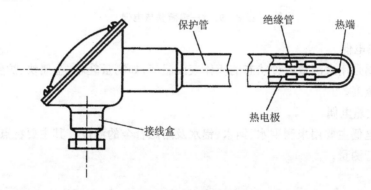

图 8 - 7　普通型热电偶结构

（2）铠装热电偶

如图 8 - 8 所示,根据测量端结构形式,铠装热电偶可分为单芯结构,其外套管为一电极,因此中心电极在顶端应与套管直接焊在一起;双芯碰底型,测量端和套管焊在一起;双芯不碰底型,热电极与套管间互相绝缘;露头型,测量端露在套管外面;双芯帽型,把露头型的测量端套上一个套管材料作的保护帽,再用银焊密封起来。

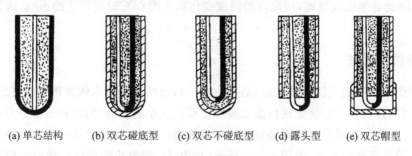

(a) 单芯结构　　(b) 双芯碰底型　　(c) 双芯不碰底型　　(d) 露头型　　(e) 双芯帽型

图 8 - 8　铠装热电偶工作端结构

铠装热电偶由热电偶丝、绝缘材料（氧化铁）及不锈钢保护套管经拉制工艺制成。其主要优点是小型化、对被测温度反应快、时间常数小，很细的整体组合结构使其柔性大，可进行一定程度的弯曲，机械性能好，耐热、耐压、耐冲击，可安装在结构复杂的装置上，因此被广泛用于许多工业部门中。

（3）薄膜热电偶

图 8-9 所示为薄膜热电偶，其是用真空蒸镀（或真空溅射）、化学涂层等工艺，将热电极材料沉积在绝缘基板上形成的一层金属薄膜。热电偶测量端既小又薄（厚度可达 $0.01\sim0.1\ \mu m$），因而热惯性小，反应快，可用于测量瞬变的表面温度和微小面积上的温度。其结构有片状、针状和把热电极材料直接蒸镀在被测表面上 3 种。所用的电极类型有铁-康铜、铁镍、铜-康铜和镍铬-镍硅等，测温范围为 $-200\sim+300\ ℃$。

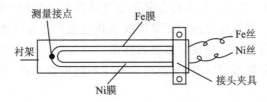

图 8-9　铁-镍薄膜热电偶

（4）表面热电偶

表面热电偶是用来测量各种状态的固体表面温度，如测量轧辊、金属块、炉壁、橡胶筒和涡轮叶片等表面温度。

（5）浸入式热电偶

浸入式热电偶主要用来测铜水、钢水、铝水及熔融合金的温度。其主要特点是可直接插入液态金属中进行测量。

8.4　热电偶的冷端温度补偿

热电偶回路的热电势的大小不仅与热端温度有关，而且与冷端温度有关，只有当冷端温度保持不变，热电势才是被测热端温度的单值函数。热电偶的分度表和根据分度表刻度的显示仪表都要求冷端温度恒定为 0 ℃，否则将产生测量误差。可是在实际应用中，由于热电偶的冷端与热端距离通常很近，冷端又暴露在空间，受到周围环境温度波动的影响，冷端温度保持在 0 ℃很难。因此必须采取措施，消除冷端温度变化和不为 0 ℃时所产生的影响，进行冷端温度补偿。

8.4.1　补偿导线法

为了使热电偶冷端温度保持恒定（最好为 0 ℃），当然可将热电偶做得很长，使冷端远离工作端，并连同测量仪表一起放置到恒温或温度波动比较小的地方，但这种方法一方面是安装使用不方便，另一方面也可能耗费许多贵重的金属材料。因此，一般是用一种称为补偿导线的连接线将热电偶冷端延伸出来，如图 8-10 所示（其中 A′、B′ 为补偿导线），这种导线在一定温度范围内（0～150 ℃）具有与所连接的热电偶相同的热电性能，若廉价金属制成的热电偶，则可用其本身材料作补偿导线将冷端延伸到温度恒定的地方。

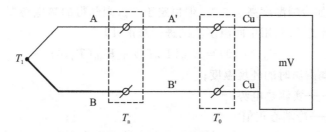

图 8 - 10　补偿导线法

　　必须指出,只有冷端温度恒定或配用仪表本身具有冷端温度自动补偿装置时,应用补偿导线才有意义。热电偶和补偿导线连接端所处的温度一般不应超出 150 ℃,否则也会由于热电特性不同带来新的误差。常用热电偶的补偿导线见表 8-1。

表 8 - 1　常用热电偶补偿导线

型　号	配用热电偶 正-负	补偿导线 正-负	导线外皮颜色		100 ℃热电势/mV	20 ℃时的电阻/(Ω·m)
			正	负		
SC	铂铑 10 -铂	铜-铜镍	红	绿	0.646 ± 0.023	0.05×10^{-6}
KC	镍铬-镍硅	铜-康铜	红	蓝	4.096 ± 0.063	0.52×10^{-6}
$WC_{5/26}$	钨铼 5 -钨铼 26	铜-铜镍	红	橙	1.451 ± 0.051	0.10×10^{-6}

8.4.2　0 ℃恒温器

　　一般热电偶定标时,冷端温度是以 0 ℃为标准。因此,常常将冷端置于冰水混合物中,使其温度保持为恒定的 0 ℃。在实验室条件下,通常是把冷端放在盛有绝缘油的试管中,然后再将其放入装满冰水混合物的保温容器中,使冷端保持在 0 ℃。图 8-11 所示是补偿导线法和 0 ℃恒温法的一个实例。

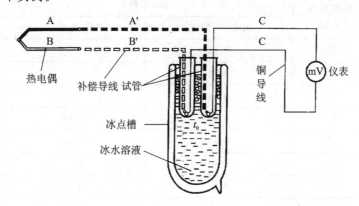

图 8 - 11　冷端处理的延长导线法和 0 ℃恒温法

8.4.3　冷端温度校正法

1. 热电势温度修正法
由于热电偶的温度分度表是在冷端温度保持 0 ℃的情况下得到的,与它配套使用的测量电路或显示仪表又是根据这一关系曲线进行刻度的,因此冷端温度不等于 0 ℃时,就需对仪表指示值加以修正。如冷端温度高于 0 ℃,但恒定于 T_n,则测得的热电势要小于该热电偶的分度值,为求得真实温度,可利用中间温度法则进行修正,即

$$E_{AB}(T,0)=E_{AB}(T,T_n)+E_{AB}(T_n,0) \qquad (8-10)$$

式中,T_n——热电偶测温时的环境温度;

$E_{AB}(T,T_n)$——实测热电势;

$E_{AB}(T_n,0)$——冷端修正值。

【例 8-1】 铂铑 10-铂热电偶测炉温,参考冷端温度为室温 21 ℃,测得 $E_{AB}(T,21)=0.465$ mV,则实际炉温是多少?

【解】 查分度表 $E_{AB}(21,0)=0.119$ mV,则

$$E_{AB}(T,0)=E_{AB}(T,21)+E_{AB}(21,0)=0.465 \text{ mV}+0.119 \text{ mV}=0.584 \text{ mV}$$

再用 0.584 mV 查分度表得 $T=92$ ℃,即实际炉温为 92 ℃。

若直接用 0.465 mV 查表,则 $T=75$ ℃。注意不能将 75 ℃+21 ℃=96 ℃作为实际温度。

2. 温度修正法

令 T' 为仪表的指示温度,T_0 为冷端温度,则被测的真实温度 T 为

$$T=T'+kT_0 \qquad (8-11)$$

式中,k 为热电偶修正系数,决定于热电偶种类和被测温度范围,见表 8-2。

例 8-1 中实测 75 ℃(0.465 mV),$T_0=21$℃,查修正系数表,此时该热电偶的 $k=0.82$,则实际温度

$$T=75 \text{ ℃}+0.82\times21 \text{ ℃}=92.2 \text{ ℃} \qquad (8-12)$$

与前面结果基本一致。这种修正方法在工程上应用较为广泛。

表 8-2 几种热电偶的 k 值表

温度 T'/℃ (≤)	修正系数 k	
	铂铑 10-铂(S)	镍铬-镍硅(K)
100	0.82	1.00
200	0.72	1.00
300	0.69	0.98
400	0.66	0.98
500	0.63	1.00
600	0.62	0.96
700	0.60	1.00
800	0.59	1.00
900	0.56	1.00
1 000	0.55	1.07
1 100	0.53	1.11
1 200	0.52	—

续表 8 - 2

| 温度 $T'/℃$ | 修正系数 k | |
(≤)	铂铑 10 - 铂(S)	镍铬-镍硅(K)
1 300	0.52	—
1 400	0.52	—
1 500	0.53	—
1 600	0.53	—

注:表中所列的温度值以 100 ℃ 为一个梯度,例如,修正系数 0.69 所对应的温度
范围为 200 ℃≤T≤300 ℃。

3. 冷端温度自动补偿法

电桥补偿法是用电桥的不平衡电压去消除冷端温度变化的影响,这种装置称为冷端温度补偿器。

如图 8 - 12 所示,冷端补偿器内有一个不平衡电桥,其输出端串联在热电偶回路中。图中 R_1、R_2、R_3、R_w 为锰铜电阻,阻值几乎不随温度变化,R_{Cu} 为铜电阻,电阻值随温度升高而增大。电桥由直流稳定电源供电。

当 $T_0 = 0$ ℃ 时,$R_1 = R_2 = R_3 = R_{Cu}$,电桥处于平衡状态,电桥输出 $U_{ab} = 0$,该温度称为电桥平衡点温度或补偿温度。此时补偿电桥对热电偶回路的热电势没有影响。当 $T_0 \neq 0$ ℃ 时,热电偶的电势值随之变化 ΔU_1;与此同时,R_{Cu} 的电阻值也随环境温度变化,使电桥失去平衡,则有不平衡电压 ΔU_2 输出。如果设计的 ΔU_1 与 ΔU_2 数值相等,极性相反,则叠加后相互抵消,因而起到冷端温度变化自动补偿的作用。这就相当于将冷端恒定在电桥平衡点温度。

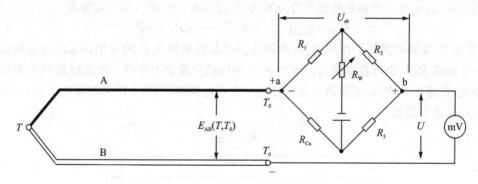

图 8 - 12　冷端温度补偿线路图

8.5　热电偶的实用测温电路

8.5.1　测量某点温度的基本电路

图 8 - 13 所示是一支热电偶和一个检测仪表配用的基本连接电路。一支热电偶配一台显示仪表的测量线路包括热电偶、补偿导线、冷端补偿器、连接用铜线及动圈式显示仪表。显示仪表如果是电位差计,则不必考虑线路电阻对测温精度的影响,如果是动圈式仪表,就必须考

虑测量线路电阻对测温精度的影响。

8.5.2 温差测量线路

实际工作中常需要测量两处的温差,可选用两种方法测温差,一种是两支热电偶分别测量两处的温度,然后求算温差;另一种是将两支同型号的热电偶反串连接,直接测量温差电势,然后求算温差,如图 8-14 所示。前一种测量较后一种测量精度差,对于要求精确的小温差测量,应采用后一种测量方法。

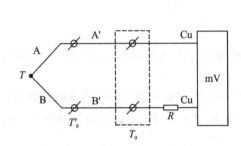

图 8-13 热电偶基本测量电路

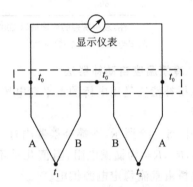

图 8-14 温差测量线路

8.5.3 热电偶串联测量线路

图 8-15 所示是串联线路温度差的一种方法测量线路,将 n 支相同型号的热电偶正负极依次相连接,若 n 支热电偶的各热电势分别为 $E_1, E_2, E_3, \cdots, E_n$,则总电势为

$$E_串 = E_1 + E_2 + E_3 + \cdots + E_n = nE \tag{8-13}$$

式中,E 为 N 支热电偶的平均热电势;串联线路的总热电势为 E 的 n 倍,$E_串$ 所对应的温度可由 $E_串 - t$ 关系求得,也可根据平均热电势 E 在相应的分度表上查得。串联线路的主要优点是热电势大,精度比单支高;主要缺点是只要有一支热电偶断开,整个线路就不能工作,个别短路会引起示值显著偏低。

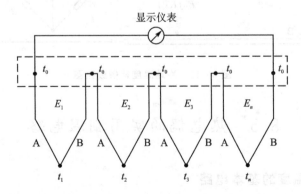

图 8-15 温差测量电路

8.5.4　热电偶并联测量线路

将 n 支相同型号热电偶的正负极分别连在一起,如图 8-16 所示。如果 n 支热电偶的电阻值相等,则并联电路总热电势等于 n 支热电偶的平均值,即

$$E_{并} = (E_1 + E_2 + E_3 + \cdots + E_n)/n \tag{8-14}$$

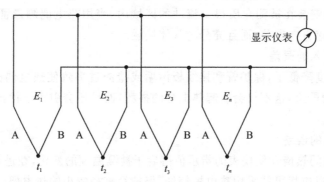

图 8-16　热电偶并联测量线路

8.5.5　热电偶炉温测量系统

图 8-17 为常用炉温测量采用的热电偶测量系统图。图中由毫伏定值器给出设定温度的相应毫伏值,如热电偶的热电势与定值器的输出值有偏差,则说明炉温偏离给定值,此偏差经放大器送入调节器,再经过晶闸管触发器去推动晶闸管执行器,从而调整炉丝的加热功率,消除偏差,达到控温的目的。

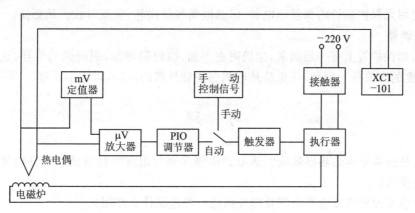

图 8-17　热电偶测量系统图

工业现场利用热电偶测量炉温产生误差的主要原因有安装不正确、热导率和时间滞后等,它们是热电偶在使用中的主要误差。

1. 安装不当引入的误差

① 热电偶安装的位置及插入深度不能反映炉膛的真实温度,换句话说,热电偶不应装在太靠近门和加热的地方,插入的深度至少应为保护管直径的 8～10 倍。

② 热电偶的保护套管与壁间的间隔未填绝热物质致使炉内热溢出或冷空气侵入,因此热

电偶保护管和炉壁孔之间的空隙应用耐火泥或石棉绳等绝热物质堵塞以免冷热空气对流而影响测温的准确性。

③ 热电偶冷端太靠近炉体使温度超过 100 ℃。

④ 热电偶的安装应尽可能避开强磁场和强电场,所以不应把热电偶和动力电缆线装在同一根导管内以免引入干扰造成误差。

⑤ 热电偶不能安装在被测介质很少流动的区域内,当用热电偶测量管内气体温度时,必须使热电偶逆着流速方向安装,而且充分与气体接触。

2. 绝缘变差引入的误差

热电偶绝缘强度降低了,保护管和接线板污垢或盐渣过多致使热电偶极间与炉壁间绝缘不良,在高温下更为严重,这不仅会引起热电势的损耗,而且还会引入干扰,由此引起的误差有时可达上百摄氏度。

3. 热惯性引入的误差

① 由于热电偶的热惯性使仪表的指示值落后于被测温度的变化,在进行快速测量时这种影响尤为突出。所以应尽可能采用热电极较细、保护管直径较小的热电偶。测温环境许可时,甚至可将保护管取去。

② 由于存在测量滞后,用热电偶检测出的温度波动的振幅较炉温波动的振幅小。测量滞后越大,热电偶波动的振幅就越小,与实际炉温的差别也就越大。当用时间常数大的热电偶测温或控温时,仪表显示的温度虽然波动很小,但实际炉温的波动可能很大。为了准确地测量温度,应当选择时间常数小的热电偶。时间常数与传热系数成反比,与热电偶热端的直径、材料的密度及比热成正比,如要减小时间常数,除增加传热系数以外,最有效的办法是尽量减小热端的尺寸。使用中,通常采用导热性能好的材料,管壁薄、内径小的保护套管。在较精密的温度测量中,使用无保护套管的裸丝热电偶,但热电偶容易损坏,应及时校正及更换。

4. 热阻误差

高温时,如保护管上有一层煤灰,尘埃附在上面,则热阻增加,阻碍热的传导,这时温度示值比被测温度的真值低。因此,应保持热电偶保护管外部的清洁,以减小误差。

习 题

1. 什么是金属导体的热电效应?热电势由哪几部分组成?热电偶产生热电势的必要条件是什么?

2. 热电偶温度传感器主要由哪几部分组成?各起到什么作用?

3. 试证明若在热电偶中接入第三种材料,只要接入的材料两端的温度相同,对热电势就没有影响。

4. 热电偶冷端为什么要温度补偿?常用的温度补偿方法有哪些?

5. 用镍铬-镍硅热电偶测量加热炉温度。已知冷端温度 $t_0 = 30$ ℃,测得热电势 $E_{AB}(t, t_0)$ 为 33.29 mV,求加热炉温度。

6. 常用热电偶类型及其测温范围是多少?

第 9 章　光电式传感器

光电式传感器是采用光电元件作为检测元件,首先把被测量的变化转变为信号的变化,然后借助光电元件进一步将光信号转换成电信号。光电传感器一般由光源、光学通路和光电元件 3 部分组成。光电检测方法具有精度高、反应快和非接触等优点,而且可测参数多,传感器的结构简单,形式灵活多样,体积小。近年来,随着光电技术的发展,光电传感器已成为系列产品,其品种及产量日益增加,用户可根据需要选用各种规格产品,在各种轻工自动机上获得广泛的应用。光电式传感器输出的电量可以是模拟量,也可以是数字量。

光电式传感器敏感的光信号包括红外线、可见光以及紫外线,可利用的光源一般有自然光、白炽灯、发光二极管和气体放电灯。

9.1　光电效应

光电传感器是一种将光量的变化转换为电量变化的传感器,光电效应是光电元件工作的理论基础。光电效应分为外光电效应、内光电效应两大类。

光学的基本单位为光通量,用字母 Φ 表示,单位为流明(lm)。受光面积用字母 A 表示,单位为 m^2。光照度为单位面积的光通量,用字母 E 表示,单位为勒克斯(lx)。Φ 与 E 关系为 $E = d\Phi/dA$。

光电效应

9.1.1　外光电效应

在光线的作用下,物体内的电子逸出物体表面向外发射的现象称为外光电效应。向外发射的电子称为光电子。基于外光电效应的光电器件有光电管、光电倍增管等。

一束光是由一束以光速运动的粒子组成的,这些粒子称为光子。光子是具有能量的粒子,每个光子具有的能量可由下式确定:

$$E = hf \tag{9-1}$$

式中,h——普朗克常量,6.63×10^{-34} J/Hz;

f——光波频率。

物体中的电子吸收了入射光子的能量,当足以克服逸出功 W 时,电子就逸出物体表面,产生光电子发射。如果一个电子要想逸出,光子能量 E 必须超过逸出功 W,超过部分的能量表现为逸出电子的动能。根据能量守恒定理

$$E = \frac{1}{2}mv_0^2 + W \tag{9-2}$$

式中,m——电子质量;

v_0——电子逸出速度。

式(9-2)称为爱因斯坦光电效应方程,由式(9-2)可知:

① 光电子能否产生,取决于光子的能量是否大于该物体的表面电子逸出功 W。不同的物

质具有不同的逸出功,这意味着每一个物体都有一个对应的光频阈值,称为红限频率或波长限。光线频率低于红限频率,光子的能量不足以使物体内的电子逸出,因而小于红限频率的入射光,光强再大也不会产生光电子发射;反之入射光频率高于红限频率,即使光线微弱,也会有光电子射出。

② 当入射光的频谱成分不变时,产生的光电流与光强成正比,即光强愈大,意味着入射光子数目越多,逐出的电子数也就越多。

③ 光电子逸出物体表面具有初始动能$\frac{1}{2}mv_0^2$,因此外光电效应器件(如光电管)即使没有加阳极电压,也会有光电流产生。为了使光电流为零,必须加负的截止电压,而且截止电压与入射光的频率成正比。

9.1.2　内光电效应

当光照射在物体上,使物体的电阻率发生变化,或产生光生电动势的效应称为内光电效应。内光电效应又可分为以下两类:

1. 光电导效应

在光线作用下,电子吸收光子能量从键合状态过渡到自由状态,而引起材料电阻率的变化,这种现象称为光电导效应。基于这种效应的光电器件有光敏电阻。

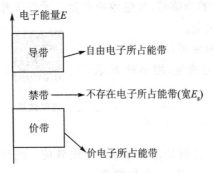

图 9-1　电子能级示意

当光照射到光电导体上时,若这个光电导体为本征半导体材料,而且光辐射能量又足够强,光电导体材料价带上的电子将被激发到导带上去,如图 9-1 所示,从而使导带的电子和价带的空穴增加,致使光导体的电导率变大。为了实现能级的跃迁,入射光的能量必须大于光电导材料的禁带宽度E_g,即

$$E = hf = \frac{hc}{\lambda} \geqslant E_g \qquad (9-3)$$

式中,c,λ——入射光的频率和波长。

也就是说,对于一种光电导体材料,总存在一个照射光波长限λ,只有波长小于λ的光照射在光电导体上,才能产生电子能级间的跃进,从而使光电导体的电导率增加。

2. 光生伏特效应

在光线作用下能够使物体产生一定方向的电动势的现象称为光生伏特效应。基于该效应的光电器件有光电池和光敏二极管、三极管。

(1) 势垒效应(结光电效应)

接触的半导体和 PN 结中,当光线照射其接触区域时,便引起光电动势,这就是结光电效应。以 PN 结为例,光线照射 PN 结时,设光子能量大于禁带宽度E_g,使价带中的电子跃迁到导带,而产生电子空穴对,在阻挡层内电场的作用下,被光激发的电子移向 N 区外侧,被光激发的空穴移向 P 区外侧,从而使 P 区带正电,N 区带负电,形成光电动势。

(2) 侧向光电效应

当半导体光电器件受光照不均匀时,载流子浓度梯度将会产生侧向光电效应。当光照部分吸收入射光子的能量产生电子空穴对时,光照部分载流子浓度比未受光照部分的载流子浓度大,就出现了载流子浓度梯度,因而载流子要扩散。如果电子迁移率比空穴大,那么空穴的扩散不明显，则电子向未被光照部分扩散，就造成光照射的部分带正电，未被光照射的部分带负电，光照部分与未被光照部分产生光电动势。

9.2　光电器件

光电器件是将光能转换为电能的一种传感器件，它是构成光电式传感器的主要部件。光电器件响应快，结构简单，使用方便，而且有较高的可靠性，因此在自动检测、计算机和控制系统中，应用非常广泛。本节主要讨论一些典型的光电器件的特性和应用。

9.2.1　光电管

1. 光电管的结构与工作原理

光电管是基于外光电效应的基本光电转换器件。光电管可使光信号转换成电信号，分为真空光电管和充气光电管两类。两者结构相似，如图 9 - 2(a)所示。它们由一个阴极和一个阳极构成，并且密封存在一只真空玻璃管内。阴极装在玻璃管内壁上，其上涂有光电发射材料。阳极通常用金属丝弯曲成矩形或圆形，置于玻璃管的中央。当光照在阴极上时，中央阳极可以收集从阴极上逸出的电子。在外电场作用下形成电流 I，如图 9 - 2(b)所示。其中，充气光电管内含少量的惰性气体(如氩或氖)，当充气光电管的阴极被光照射后，光电子在飞向阳极的途中，和气体的原子发生碰撞而使气体电离，因此增大了光电流，从而使光电管的灵敏度增加；但导致充气光电管的光电流与入射光强度不成比例关系。因而使其具有稳定性较差、惰性大、温度影响大以及容易衰老等一系列缺点。目前由于放大技术的提高，对于光电管的灵敏度不再要求那样严格。另外真空式光电管的灵敏度也正在不断提高。在自动检测仪表中，由于要求温度影响小和灵敏度稳定，因此一般都采用真空式光电管。

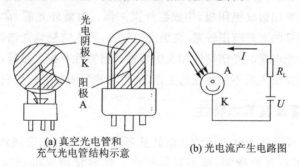

(a) 真空光电管和
充气光电管结构示意
(b) 光电流产生电路图

图 9 - 2　光电管的结构示意

2. 光电管的基本特性

光电器件的性能主要由伏安特性、光照特性、光谱特性、响应时间、峰值探测频率和温度特性来描述。由于篇幅限制，本小节仅对最主要的特性作简单叙述。

(1) 光电管的伏安特性

在一定的光照射下，对光电器件的阴极所加电压与阳极所产生的电流之间的关系称为光电管的伏安特性。真空光电管和充气光电管的伏安特性分别如图 9 - 3(a)和(b)所示，它是应用光电传感器参数的主要依据。

(2) 光电管的光照特性

通常当光电管的阳极和阴极之间所加电压一定时,光通量与光电流之间的关系为光电管的光照特性。其特性曲线如图 9-4 所示。曲线 1 表示氧铯阴极光电管的光照特性,光电流 I 与光通量呈线性关系。曲线 2 表示锑铯阴极的光电管光照特性,光电流 I 与光通量呈非线性关系。光照特性曲线的斜率(光电流与入射光光通量之比)称为光电管的灵敏度。

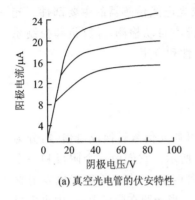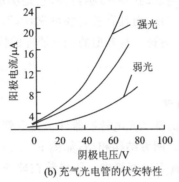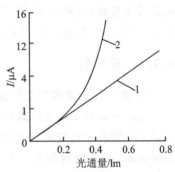

(a) 真空光电管的伏安特性   (b) 充气光电管的伏安特性

图 9-3 真空光电管和充气光电管的伏安特性   图 9-4 光电管的光照特性

(3) 光电管光谱特性

一般对于光电阴极材料不同的光电管,它们有不同的红限频率 f_0,因此它们可用于不同的光谱范围。除此之外,即使照射在阴极上的入射光的频率高于红限频率 f_0,并且强度相同。随着入射光频率的不同,阴极发射的光电子的数量还会不同,即同一光电管对于不同频率的光的灵敏度不同,这就是光电管的光谱特性。所以,对各种不同波长区域的光,应选用不同材料的光电阴极。一般白光光源的光电管,阴极是用锑铯材料制成的,被广泛地应用于各种光电式自动检测仪表中。对红外光源,常用银氧铯阴极,构成红外探测器。对紫外光源,常用锑铯阴极和镁镉阴极。另外,锑钾钠铯阴极的光谱范围较宽,灵敏度也较高,与人的视觉光谱特性很接近,是一种新型的光电阴极;也有些光电管的光谱特性和人的视觉光谱特性有很大差异,因而在测量和控制技术中,这些光电管可以担负人所不能胜任的工作,如坦克和装甲车上的夜视镜等。

9.2.2 光电倍增管及其基本特性

光电倍增管也是基于外光电效应的光电转换器件。当入射光很微弱时,普通光电管产生的光电流很小,只有零点几个微安,很不容易探测。这时常用光电倍增管对电流进行放大,图 9-5 为光电倍增管的外形和工作原理图。

1. 光电倍增管的结构

光电倍增管由光阴极、次阴极(倍增电极)以及阳极 3 部分组成,如图 9-5 所示。光阴极是由半导体光电材料锑铯制成。次阴极是在镍或铜的衬底上涂上锑铯材料而形成的。次阴极多的可达 30 级,通常为 12~14 级。阳极是最后用来收集电子的,它输出的是电压脉冲。

2. 工作原理

光电倍增管除光电阴极外,还有若干个倍增电极,使用时在各个倍增电极上均加上电压。阴极电位最低,从阴极开始,各个倍增电极的电位依次升高,阳极电位最高。同时这些倍增电极用次级发射材料制成,这种材料在具有一定能量的电子轰击下,能够产生更多的"次级电

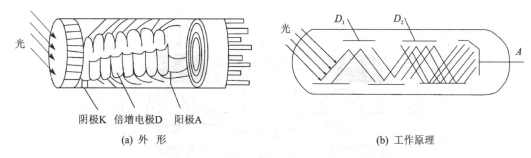

(a) 外　形　　　　　　　　　　　　　　　(b) 工作原理

图 9 - 5　光电倍增管的外形和工作原理图

子"。由于相邻两个倍增电极之间有电位差,因此存在加速电场,对电子加速。从阴极发出的光电子,在电场的加速下,打到第一个倍增电极上,引起二次电子发射。每个电子能从这个倍增电极上打出 3~6 倍个次级电子;被打出来的次级电子再经过电场的加速后,打在第二个倍增电极上,电子数又增加 3~6 倍,如此不断倍增,阳极最后收集到的电子数将达到阴极发射电子数的 10^5~10^6 倍,即光电倍增管的放大倍数可达到几万倍到几百万倍。因此在很微弱的光照时,它就能产生很大的光电流。

9.2.3　光敏电阻

1. 光敏电阻的结构和工作原理

光敏电阻又称光导管,是基于内光电效应的光电转换器件,是常用的光敏器件之一。光敏电阻都是由半导体材料制成的,常见的光敏电阻是由硫化镉(CdS)材料制成的。除使用硫化镉材料制作光敏电阻外,还有用硫化铝、硫化铅、硫化铋、硒化镉和硫化铊等材料制成的光敏电阻。

光敏电阻的结构如图 9 - 6 所示。由于半导体在光的作用下,电导率变化的现象只局限于被光照的物体表面薄层。因此,在制作光敏电阻时,只要把掺杂的半导体薄膜沉积在绝缘基体上就可以形成光敏电阻。为了提高光敏电阻的灵敏度,光敏电阻的电极一般制成梳状电极。由于半导体材料怕潮湿,因而光敏电阻常用带透光窗口的金属外壳密封起来。

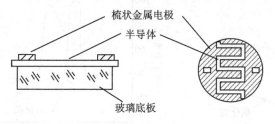

图 9 - 6　光敏电阻的结构

光敏电阻可在直流电压下工作,也可在交流电压下工作。图 9 - 7 所示为光敏电阻在直流电路中的工作情况。当无光照时,虽然不同材料制作的光敏电阻数据不太相同,但它们的阻值可在 1~100 MΩ 范围内,由于光敏电阻的阻值太大,使得流过电路中的电流很小,当有光线照射时,光敏电阻的阻值变小,电路中的电流增大。根据电流表测出的电流变化值,便可得知照射光线的强弱。

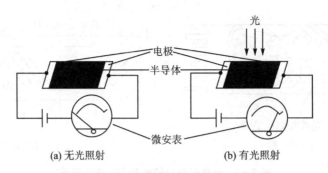

(a) 无光照射　　　　　　　　(b) 有光照射

图 9-7　光敏电阻工作示意

2. 光敏电阻的基本特性

光敏电阻基本特性有暗电阻、暗电流,亮电阻、亮电流,伏安特性,光谱特性,响应时间,温度特性等。

(1) 暗电阻、暗电流

若将光敏电阻置于无光照的黑暗条件下,测得光敏电阻的阻值称为暗电阻,此时在给定工作电压下测得的光敏电阻中的电流值称为暗电流。

(2) 亮电阻、亮电流和光电流

光敏电阻在光照下,测得的光敏电阻的阻值称为亮电阻,这时在工作电压下测得的电流为亮电流。亮电流和暗电流之差称为光敏电阻的光电流 I_ϕ。

(3) 伏安特性

一般光敏电阻如硫化铅、硫化铊的伏安特性曲线如图 9-8 所示,由曲线可知,所加的电压越高,光电流越大,而且没有饱和现象。在给定的电压下光电流的数值将随光照增强而增大。

(4) 光谱特性

使用不同材料制成的光敏电阻,有着不同的光谱特性。图 9-9 给出了硫化镉、硫化铊和硫化铅 3 种光敏电阻的光谱特性。从图中可以看出,每种光敏电阻对不同波长的入射光有着不同的灵敏度。

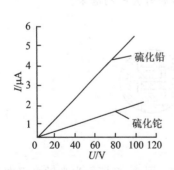

图 9-8　光敏电阻伏安特性

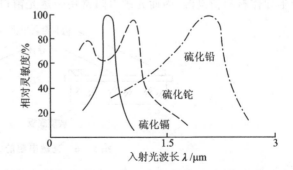

图 9-9　光谱特性

(5) 响应时间

当光敏电阻受到光照时,光电流要经过一定时间才能达到稳定值。同样,光照停止后,光电流也要经过一定时间才能恢复到暗电流。光敏电阻的光电流随光强度变化的惯性,通常用响应时间常数 τ 表示。响应时间常数反映了光敏电阻对光照响应的快慢程度。不同材料的光敏电阻有着不同的响应时间常数。

（6）温度特性

随着温度不断升高,光敏电阻的暗电阻和灵敏度都要下降,同时温度变化也影响它的光谱特性曲线。图 9 - 10 所示为硫化铅的光谱温度特性曲线。从图中可以看出,它的峰值随着温度上升向波长短的方向移动,因此有时为了提高元件的灵敏度,或为了能够经受较长波段的红外辐射而采取一些制冷措施。

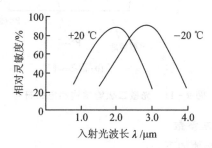

图 9 - 10　硫化铅光敏电阻的光谱温度特性

光敏电阻用途很广,常用于照相机、防盗及火灾报警器以及利用光的作用检测物件等。由于光敏电阻的光电特性存在着非线性,因此不太适用于作测量元件。

9.2.4　光敏二极管

1. 光敏二极管的结构和特性

光敏二极管又称光电二极管,它与普通半导体二极管在结构上是类似的。图 9 - 11 所示为光敏二极管的结构图,在光电二极管管壳上有一个能射入光线的玻璃透镜,入射光通过玻璃透镜正好照射在管芯上。光敏二极管的管芯是一个具有光敏特性的 PN 结,它被封装在管壳内。光敏二极管管芯的光敏面是通过扩散工艺在 N 型单晶硅上形成的一层薄膜。光敏二极管的管芯以及管芯上的 PN 结面积做得较大,而管芯上的电极面积做得较小,PN 结的深度比普通半导体二极管做得浅,这些结构上的特点都是为了提高光电转换的能力。另外与普通的硅半导体二极管一样,在硅片上有一层二氧化硅保护层,它把 PN 结的边缘保护起来,从而提高了管子的稳定性,减小了暗电流。

光敏二极管的制造工艺与普通半导体二极管是一样的。锗光敏二极管采用合金扩散法,硅光敏二极管采用硅平面工艺来制造。

光敏二极管和普通半导体二极管一样,它的 PN 结具有单向导电性,因此光敏二极管工作时应加上反向电压,如图 9 - 12 所示。当无光照射时,与普通半导体二极管一样,电路中也有很小的反向饱和漏电流,称为暗电流,此时相当于光敏二极管截止;当有光照射时,PN 结附近受光子的轰击,半导体内被束缚的价电子吸收光子能量被击发产生电子-空穴对。这些载流子的数目,对于多数载流子影响不大,但对 P 区和 N 区的少数载流子来说,则会使少数载流子浓度大大提高,在反向电压作用下,反向饱和漏电流大大增加,形成光电流,它随入射光强度的变化而相应变化。光电流流过负载电阻 R_L 时,在电阻两端将得到随入射光变化的电压信号。光敏二极管就是这样完成光电功能转换的。

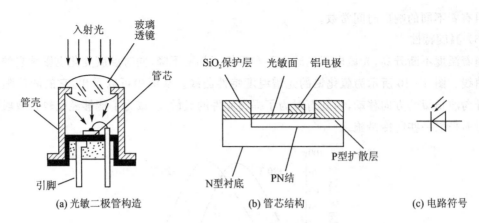

(a) 光敏二极管构造　　　　　　　(b) 管芯结构　　　　　　(c) 电路符号

图 9 - 11　光敏二极管结构和电路符号

2. 光敏二极管的主要技术参数

光敏二极管的主要技术参数如下：

(1) 最高反向工作电压

最高反向工作电压是指光敏二极管在无光照条件下反向漏电流不大于 0.1 μA 时所能承受的最高反向电压值。

(2) 暗电流

暗电流是指光敏二极管在无光照、最高反向工作电压条件下的漏电流。暗电流越小,光敏二极管的性能越稳定,检测弱光的能力越强。一般锗光敏二极管的暗电流较大,约为几个微安,硅光敏二极管的暗电流则小于 0.1 μA。

(3) 光电流

光电流是指光敏二极管受到一定光照时在最高反向工作电压下产生的电流。光电流值越大越好。

(4) 灵敏度

灵敏度是反映光敏二极管对光的敏感程度的一个参数,用在每微瓦的入射光能量下所产生的光电流来表示。灵敏度越高,说明光敏二极管对光的反应就越灵敏。

(5) 响应时间

响应时间表示光敏二极管将光信号转换成电信号所需要的时间。响应时间越短,说明光敏二极管将光信号转换成电信号的速度越快,也就是光敏二极管的工作频率越高。

(6) 结电容

结电容是指光敏二极管中 PN 结的结电容。结电容越小,光敏二极管的工作频率就越高。

(7) 正向压降

正向压降是指给光敏二极管以一定的正向电流时,光敏二极管两端的电压降,它反映了光敏二极管正向特性的好坏。

(8) 光谱范围和峰值波长

不同材料制成的光敏二极管有着不同的光谱特性,它反映了光敏二极管对不同波长的光反应的灵敏度是不同的。把光敏二极管反应最灵敏的波长,称为该光敏二极管的峰值波长。

图 9-13 给出了硅和锗光敏二极管光谱特性曲线。

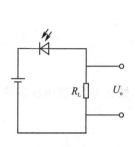

图 9-12 光敏二极管基本电路

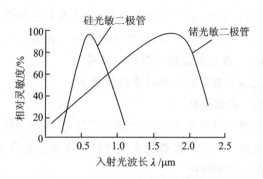

图 9-13 光敏二极管光谱特性曲线

9.2.5 光敏三极管

1. 光敏三极管的结构与特性

光敏三极管是具有 NPN 或 PNP 结构的半导体管,它在结构上与普通半导体三极管类似,它的引出电极通常只有 2 个,也有 3 个的。

光敏三极管的结构如图 9-14 所示。为适应光电转换的要求,它的基区面积做得较大,发射区面积较小,入射光主要被基区吸收。与光敏二极管一样,管子的芯片被装在带有玻璃透镜的金属管壳内,当光照射时,光线通过透镜集中照射在芯片上。

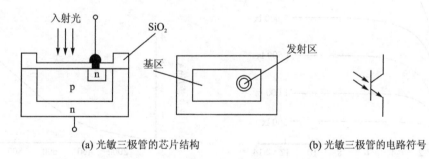

(a) 光敏三极管的芯片结构   (b) 光敏三极管的电路符号

图 9-14 光敏三极管的芯片结构和电路符号

将光敏三极管接在如图 9-15 所示的电路中,光敏三极管的集电极接正电压,其发射极接负电压。当无光照射时,流过光敏三极管的电流,就是正常情况下光敏三极管集电极与发射极之间的穿透电流 I_{ceo},也是光敏三极管的暗电流,其大小为

$$I_{ceo} = (1 + h_{FE}) I_{cbo} \qquad (9-4)$$

式中,h_{FE}——共发射极直流放大系数;

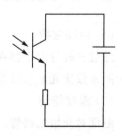

图 9-15 光敏三极管
基本电路

I_{cbo}——集电极与基极间的反向饱和电流。

当有光照射在基区时,激发产生的电子-空穴对增加了少数载流子的浓度,使集电极反向饱和电流大大增加,这就是光敏三极管集电极的光生电流。该电流注入发射极进行放大成为光敏三极管集电极与发射极间电流,它就是光敏三极管的光电流。可以看出,光敏三极管利用类似普通半导体三极管的放大作用,将光敏三极管的光电流放大了$(1+h_{FE})$倍。所以,光敏三极管比光敏二极管具有更高的灵敏度。

2. 光敏三极管的主要技术特性

光敏三极管的主要技术特性如下:

(1)光谱特性

光敏三极管由于使用的材料不同,分为锗光敏三极管和硅光敏三极管,使用较多的是硅光敏三极管。光敏三极管的光谱特性与光敏二极管是相同的。

(2)伏安特性

光敏三极管的伏安特性是指在给定的光照度下,光敏三极管上电压与光电流的关系。光敏三极管的伏安特性曲线如图 9-16 所示。

(3)光电特性

光敏三极管的光电特性反映了当外加电压恒定时,光电流 I 与光照度之间的关系。图 9-17 所示为光敏三极管的光电特性曲线。光敏三极管的光电特性曲线的线性度不如光电二极管,且在弱光时光电流增大较慢,不利于弱光的检测。

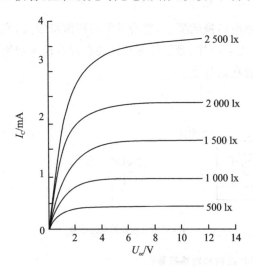

图 9-16　光敏三极管的伏安特性曲线

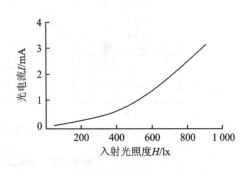

图 9-17　光敏三极管的光电特性曲线

(4)时间常数

光敏三极管由于存在发射极电容,再加上载流子通过面积较大基区的时间较长,因此,它的时间常数比光敏二极管要长,一般在 $10^{-5} \sim 10^{-4}$ s 范围内。

(5)温度特性

温度对光敏二极管、光敏三极管的暗电流和光电流都有影响。由于光电流比暗电流大得多,在一定范围内温度对光电流的影响比对暗电流的影响要小。图 9-18 所示为光敏半导体管的测试电路。光敏三极管的感光相对灵敏度随温度的增加而提高,如图 9-19 所示。

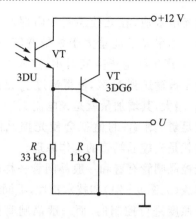

图 9-18 光敏半导体管的测试电路

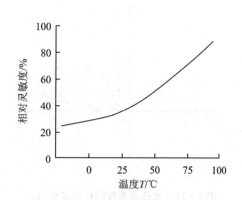

图 9-19 光敏三极管的感光灵敏度

9.2.6 光敏晶闸管

光敏晶闸管又称为光控晶闸管,是由光辐射触发而导通的晶闸管,通常还称为光控可控硅,其结构及等效电路如图 9-20 所示。

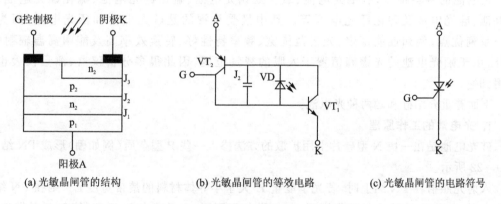

(a) 光敏晶闸管的结构　　(b) 光敏晶闸管的等效电路　　(c) 光敏晶闸管的电路符号

图 9-20 光敏晶闸管的结构和电路符号

当阳极 A 接电源正极、阴极 K 接电源负极时,J_1 结和 J_3 结处于正向,J_2 结处于反向。如用等效电路中的二极管 VD 表示 J_2 结的反向漏电流 I_D,则光控晶闸管的导通电流 I_A 可由下式得到:

$$I_A = \frac{I_D + \alpha_2 I_G}{1 - (\alpha_1 + \alpha_2)} \qquad (9-5)$$

式中,α_1,α_2——三极管共基极短路电流放大系数;

　　　I_D——J_2 结反向漏电流;

　　　I_G——控制极电流。

当 $I_G = 0$ 时,

$$I_A = \frac{I_D}{1 - (\alpha_1 + \alpha_2)} \qquad (9-6)$$

只要 I_D 足够大,则可使 $\alpha_1 + \alpha_2 = 1$,光控晶闸管便进入导通状态。当有光照射在发射区上时,

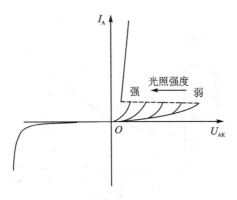

图 9-21 光控晶闸管的伏安特性曲线

由于内光电效应,在光控晶闸管内部产生电子空穴对。如果光子能量大于禁带宽度,在集电极势垒 J_2 产生的电子空穴对中,空穴被送往 P 区而电子被输送到 N 区,使得流过 J_2 结的反向电流 I_D 增大,其增加量就是光电流 I_L。如果光照强度足够,则 I_L 的值就会使光控晶闸管导通。这就是光控晶闸管的工作原理。

光控晶闸管有着和一般晶闸管一样的伏安特性曲线(见图 9-21)和技术特性,不同的是它是用光照度进行控制的,而一般晶闸管则是通过加在控制极 G 上的电信号进行控制的。

9.2.7 光电池

光电池是在光线照射下,直接能将光量转变为电动势的光电元件。实质上它就是电压源。这种光电器件是基于内光电效应中的光生伏特效应。

光电池的种类很多,有硒光电池、氧化亚铜光电池、硫化铊光电池、硫化镉光电池、锗光电池、硅光电池及砷化钾光电池等。其中最受重视的是硅光电池和硒光电池,因为它有一系列优点,例如性能稳定、光谱范围宽、频率特性好、转换效率高及能耐高温辐射等。另外,由于硒光电池的光谱峰值置于人眼的视觉范围,因此很多分析仪器、测量仪表也常常用到它。

下面着重介绍硅和硒两种光电池。

1. 光电池的工作原理

硅光电池是在一块 N 型硅片上用扩散的方法掺入一些 P 型杂质(例如硼)形成 PN 结,如图 9-22 所示。

入射光照射在 PN 结上时,若光子能量 E 大于半导体材料的禁带宽度 E_g,则在 PN 结内产生电子-空穴对,在内电场的作用下,空穴移向 P 型区,电子移向 N 型区,使 P 型区带正电,N 型区带负电,因而 PN 结产生电势。

硒光电池是在铝片上涂硒,再用溅射的工艺,在硒层上形成一层半透明的氧化镉,在正反两面喷上低熔合金作为电极,如图 9-23 所示。在光线照射下,镉材料带负电,硒材料上带正电,形成光电流或光电势。

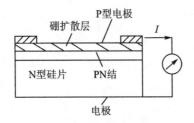

图 9-22 硅光电池的结构

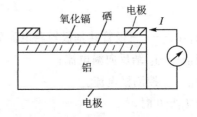

图 9-23 硒光电池的结构

2. 光电池的基本特性

（1）光谱特性

硒光电池和硅光电池的光谱特性曲线如图 9-24 所示。从曲线上可以看出，不同的光电池，光谱峰值的位置不同。例如硅光电池在 0.8 μm 附近，硒光电池在 0.54 μm 附近。

硅光电池的光谱范围广，为 0.45～1.1 μm，硒光电池的光谱范围为 0.34～0.95 μm，因此硒光电池适用于可见光，常用于照度计测定光的强度。

在实际使用中，应根据光源性质来选择光电池，反之，也可以根据光电池特性来选择光源。例如硅光电池对于白炽灯在温度为 2 850 K 时，能够获得最佳的光谱响应。但是要注意，光电池光谱值位置不仅与制造光电池的材料有关，同时也与制造工艺有关，而且也随着使用温度的不同而有所移动。

（2）光电特性

光电池在不同的光强照射下可产生不同的光电流和光生电动势。硅光电池的光照特性曲线如图 9-25 所示。从曲线可以看出，短路电流在很大范围内与光强呈线性关系。开路电压随光强变化是非线性的，并且当照度在 2 000 lx 时就趋于饱和了。因此把光电池作为测量元件时，应把它当作电流源的形式来使用，不宜用作电压源。

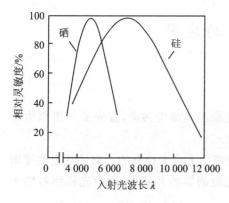

图 9-24　光谱特性曲线

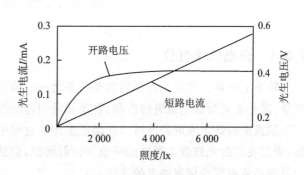

图 9-25　硅光电池的光照特性曲线

所谓光电池的短路电流是反映外接负载电阻相对于光电池内阻很小时的光电流。而光电池的内阻是随着照度增加而减小的，所以在不同照度下可用大小不同的负载电阻为近似"短路"条件。从实验中可知，负载电阻越小，光电流与照度之间的线性关系越好，且线性范围越宽。对于不同的负载电阻，可以在不同的照度范围内使光电流与光强保持线性关系。所以应用光电池作为测量元件时，所用负载电阻的大小应根据光强的具体情况而定，总之，负载电阻越小越好。

（3）频率特性

光电池在作为测量、计数和接收元件时，常用交变光照。光电池的频率特性就是反映光的交变频率和光电池输出电流的关系，如图 9-26 所示。从曲线可以看出，硅光电池有很高的频率响应，可用在高速计数、有声电影等方面。这是硅光电池在所有光电元件中最为突出的优点。

（4）温度特性

光电池的温度特性主要描述光电池的开路电压和短路电流随温度变化的情况。由于它关系到应用光电池设备的温度漂移，影响到测量精度或控制精度等主要指标，因此它是光电池的重要特性之一。光电池的温度特性曲线如图 9 - 27 所示。从曲线看出,开路电压随温度升高而下降的速度较快,而短路电流随温度升高而缓慢增加。因此当光电池作为测量元件时,在系统设计中应该考虑到温度的漂移,从而采取相应的措施来进行补偿。

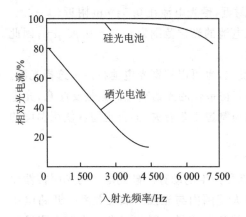

图 9 - 26　光电池的频率特性

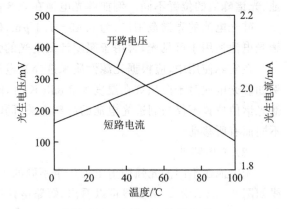

图 9 - 27　光电池的温度特性

9.3　光电式传感器的应用

9.3.1　光电式浊度仪

防止工业烟尘污染是环保的重要任务之一。为了消除工业烟尘污染,首先要知道烟尘排放量,因此必须对烟尘源进行监测、自动显示和超标报警。

烟道里的烟尘浊度是通过光在烟道里传输过程中的变化大小来检测的。如果烟道浊度增加,光源发出的光被烟尘颗粒的吸收和折射增加,到达光检测器的光减少,因而光检测器输出信号强弱便可反映烟道浊度的变化。

图 9 - 28 为吸收式烟尘浊度监测系统的组成框图。为了检测出烟尘中对人体危害性最大的亚微米颗粒的浊度和避免水蒸气与二氧化碳对光源衰减的影响,选取可见光作光源(400～700 nm 波长的白炽光)。光检测器光谱响应范围为 400～600 nm 的光电管,获取随浊度变化的相应电信号。为了提高检测灵敏度,采用具有高增益、高输入阻抗、低零漂和高共模抑制比的运算放大器,对信号进行放大。刻度校正被用来进行调零与调满刻度,以保证测试准确性。显示器可显示浊度瞬时值。报警电路由多谐振荡器组成,当运算放大器输出浊度信号超过规

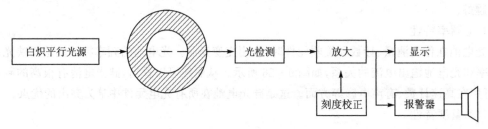

图 9 - 28　吸收式烟尘浊度监测系统的组成框图

定值时,多谐振荡器工作,输出信号经放大后推动扬声器发出报警信号。

9.3.2 光电式转速表

图 9 – 29 所示为光电数字式转速表的工作原理。图 9 – 29(a)所示是在待测转速轴上固定一带孔的调置盘"1",在调置盘一边由白炽灯"2"产生恒定光,透过盘上小孔到达光敏二极管组成的光电转换器"3"上,转换成相应的电脉冲信号,经过放大整形电路输出整齐的脉冲信号,转速由该脉冲频率决定。图 9 – 29(b)所示是在待测转速的轴上固定一个涂上黑白相间条纹的圆盘,它们具有不同的反射率。当转轴转动时,反光与不反光交替出现,光电敏感器件间断地接收光的反射信号,转换成电脉冲信号。

每分钟转速 n 与脉冲频率 f 的关系如下:

$$n = 60 \frac{f}{N} \tag{9 – 7}$$

式中,N——孔数或黑白条纹数目。

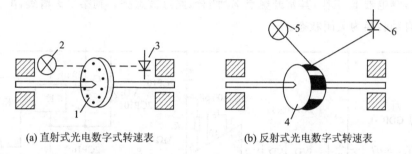

(a) 直射式光电数字式转速表　　　　　　(b) 反射式光电数字式转速表

1—调置盘;2,5—白炽灯;3,6—光敏二极管;4—光反射圆盘

图 9 – 29　光电数字式转速表的工作原理图

频率可用一般的频率计测量。光电器件多采用光电池、光敏二极管和光敏三极管,以提高寿命、减小体积、减小功耗和提高可靠性。

光电脉冲转换电路如图 9 – 30 所示。VT_1 为光敏三极管,当光线照射 VT_1 时,产生光电流,使 R_1 上压降增大,导致三极管 VT_2 导通,触发由三极管 VT_3 和 VT_4 组成的射极耦合触发器,使 U_o 为高电位;反之,U_o 为低电位。该脉冲信号 U_o 可送到计数电路计数。

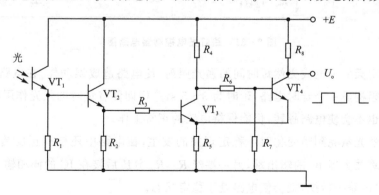

图 9 – 30　光电脉冲转换电路

9.3.3 路灯光电控制器

路灯光电控制器由于采用光电倍增管作为光传感器,电路的灵敏度高,能有效地防止电路状态转换时的不稳定过程。电路中还设置有延时电路,具有对雷电和各种短时强光的抗干扰能力。

路灯光电控制器的电路如图9-31所示。电路主要由光电转换级、运放滞后比较级、驱动级等组成。白天,当光电管 VT_1 的光电阴极受到较强的光照时,光电管产生的光电流,使场效应管 VT_2 栅极上的正电压增高,漏源电流增大,这时在运算放大器IC的反相输入端的电压约为 $+3.1$ V,所以运算放大器输出为负电压,VD_7 为截止状态,VT_3 也处于截止状态,继电器K不工作,其触点 K_1 为常开状态,因此路灯不亮。到了傍晚时分,由于环境光线渐弱,光电管 VT_1 的电流也减小,使得场效应管 VT_2 栅极电压和漏源电流随之减小。这时在运算放大器IC反相输入端上的电压为负电压,在其输出端输出有 $+13$ V的电压,因此 VD_7 导通,VT_3 随之导通饱和,继电器K工作,其常开触点 K_1 闭合,路灯被点亮。到第二天清晨,由于光照的加强,电路则自动转换为关闭状态。

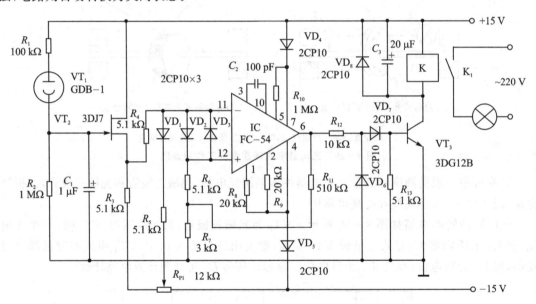

图9-31 路灯光电控制器电路图

为防止雷雨天的闪电或突然短时间的强光照射,使电路造成误动作,在电路中,由 C_1,R_1 及光电管的内阻构成一个延时电路,延时为 $3\sim5$ s,这样即使有短时的强光作用(例如电闪、手电筒的慢晃),也不会使电路翻转,仍能保持电路的正常工作。

为防止自然光从亮到暗变化时不稳定现象的发生,在电路中还接有正反馈电阻 R_{11},R_{11} 的一端接在运算放大器IC的输出端,另一端经 R_6,R_7 分压后接在IC的同相输入端。由于有了正反馈,只要电路一转换,就会使电路处于稳定状态。

电路中的 VD_1 是温度补偿二极管,用来补偿场效应管 VT_2 栅源极之间结压降随温度的变化;二极管 VD_2,VD_3 是为保护运算放大器而设置的;VD_4,VD_5 主要用来防止反向电压进入运算放大器；VD_8 为续流二极管。

9.3.4　火焰探测报警器

图 9-32 所示为采用硫化铅光敏电阻作为探测元件的火焰探测器电路。硫化铅光敏电阻的暗电阻为 1 MΩ，亮电阻为 0.2 MΩ（光照度 0.01 W/m² 下测试），峰值响应波长为 2.2 μm。硫化铅光敏电阻处于 VT_1 管组成的恒压偏置电路，其偏置电压约为 6 V，电流约为 6 μA。VT_2 管集电极电阻两端并联 68 μF 的电容，可以抑制 100 Hz 以上的高频，使其成为只有几十赫兹的窄带放大器。VT_2、VT_3 构成二级负反馈互补放大器，火焰的闪动信号经二级放大后送给中心控制站进行报警处理。采用恒压偏置电路是为了在更换光敏电阻或长时间使用后，器件阻值的变化不至于影响输出信号的幅度，保证火焰报警器能长期稳定地工作。

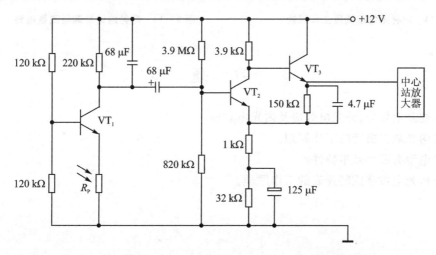

图 9-32　采用硫化铅光敏电阻为探测元件的火焰探测器电路图

9.3.5　光电式带材跑偏检测装置

带材跑偏检测装置是用来检测带型材料在加工中偏离正确位置的大小及方向，从而为纠偏控制电路提供纠偏信号，主要用于印染、送纸、胶片及磁带生产过程中。

光电式带材跑偏检测器原理如图 9-33 所示。光源发出的光线经过透镜 1 汇聚为平行光束，投向透镜 2，随后被汇聚到光敏电阻上。在平行光束到达透镜 2 的途中，有部分光线受到被测带材的遮挡，使传到光敏电阻的光通量减少。

图 9-34 为测量电路简图。R_1、R_2 是同型号的光敏电阻。R_1 作为测量元件装在带材下方，R_2 用遮光罩罩住，起温度补偿作用。当带材处于正确位置（中间位）时，由 R_1、R_2、R_3、R_4 组成的电桥平衡，使放大器输出电压 U_o 为 0。当带材左偏时，遮光面积减少，光敏电阻 R_1 阻值减小，电桥失去平衡。差动放大器将这一不平衡电压加以放大，输出电压为负值，它反映了带材跑偏的方向及大小。反之，当带材右偏时，U_o 为正值。输出信号 U_o 一方面由显示器显示出来，另一方面被送到执行机构，为纠偏控制系统提供纠偏信号。

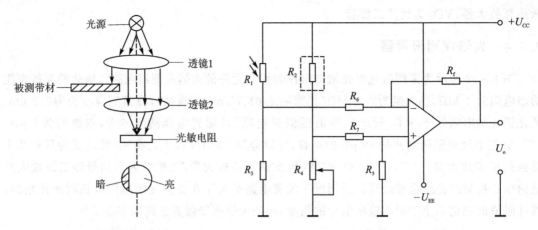

图 9-33 带材跑偏检测器工作原理　　　　图 9-34 带材跑偏检测器测量电路

习　题

1. 简述光电效应、外光电效应及内光电效应。
2. 说明光敏三极管的工作原理。
3. 光电池有哪些基本特性？
4. 分析光电数字式转速表的工作原理。

第10章　数字式传感器

为适应现代测量技术大尺寸、数字化、高精度、高效益和高可靠性等一系列要求,一种新的测量元件——数字式传感器应运而生。所谓数字式传感器就是将被测量(一般是位移量)转化为数字信号,并进行精确检测和控制的传感器。目前,数控技术、自动化技术以及计量技术中已日益广泛地采用数字式传感器。本章介绍光栅式传感器、光电编码器、磁栅式传感器和感应同步器等。

10.1　光栅式传感器

光栅式传感器实际上是光电式传感器的一个特殊应用。由于光栅测量具有结构简单、测量精度高、易于实现自动化和数字化等优点,因而得到了广泛的应用。

10.1.1　光栅的结构和类型

光栅主要由标尺光栅和光栅读数头两部分组成。通常,标尺光栅固定在活动部件上,如机床的工作台或丝杠上。光栅读数头则安装在固定部件上,如机床的底座上。当活动部件移动时,读数头和标尺光栅也就随之做相对的移动。

1. 光栅尺

标尺光栅和光栅读数头中的指示光栅构成光栅尺,如图 10-1 所示,其中长的一块为标尺光栅,短的一块为指示光栅。两光栅上均匀地刻有相互平行、透光和不透光相间的线纹,这些线纹与两光栅相对运动的方向垂直。从图上光栅尺线纹的局部放大部分来看,白的部分 b 为透光线纹宽度,黑的部分 a 为不透光线纹宽度,设栅距为 W,则 $W=a+b$,一般光栅尺的透光线纹和不透光线纹宽度是相等的,即 $a=b$。常见长光栅的线纹宽度为 25 线/mm、50 线/mm、100 线/mm、125 线/mm、250 线/mm 等。

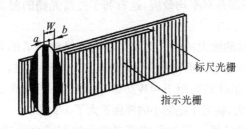

图 10-1　光栅尺

光栅式传感器

2. 光栅读数头

光栅读数头由光源、透镜、指示光栅、光电元件和驱动电路组成,如图 10-2(a)所示。光栅读数头的光源一般采用白炽灯。白炽灯发出的光线经过透镜后变成平行光束,照射在光栅尺上。由于光电元件输出的电压信号比较微弱,因此必须首先将该电压信号进行放大,以避免在传输过程中被多种干扰信号所淹没、覆盖而造成失真。驱动电路的功能就是实现对光电元件输出信号进行功率放大和电压放大。

光栅读数头的结构形式按光路分,除了垂直入射式外,常见的还有分光读数头、反射读数头等,它们的结构如图 10 - 2(b)和图 10 - 2(c)所示。

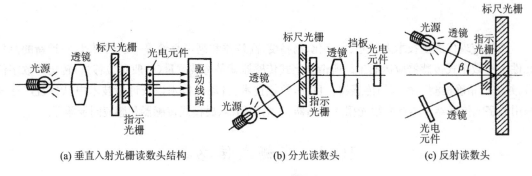

(a) 垂直入射光栅读数头结构   (b) 分光读数头   (c) 反射读数头

图 10 - 2   光栅读数头

光栅按其形状和用途可以分为长光栅和圆光栅两类,长光栅用于长度测量,又称直线光栅,圆光栅用于角度测量。光栅按光线的走向可分为透射光栅和反射光栅。

10.1.2   光栅的基本工作原理

1. 莫尔条纹

光栅是利用莫尔条纹现象来进行测量的。莫尔(Moire)法文的原意是水面上产生的波纹。莫尔条纹是指两块光栅叠合时,出现光的明暗相间的条纹,从光学原理来讲,如果光栅栅距与光的波长相比较是很大的话,就可以按几何光学原理来进行分析。图 10 - 3 所示为两块栅距相等的光栅叠合在一起,并使它们的刻线之间的夹角为 θ 时,光栅上会出现的若干条明暗相间的条纹,这就是莫尔条纹。莫尔条纹有如下几个重要特性:

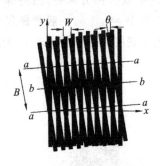

x—光栅移动方向;y—莫尔条纹移动方向

图 10 - 3   等栅距形成的莫尔条纹($\theta \neq 0$)

① 消除光栅刻线的不均匀误差。由于光栅尺的刻线非常密集,光电元件接收到的莫尔条纹所对应的明暗信号是一个区域内许多刻线的综合结果。因此它对光栅尺的栅距误差有平均效应,这有利于提高光栅的测量精度。

② 位移的放大特性。莫尔条纹间距是放大了的光栅栅距 W,它随着光栅刻线夹角 θ 而改变。当 $\theta \ll 1$ 时,可推导得莫尔条纹的间距 $B \approx W/\theta$(θ 为弧度)。可知 θ 越小,则 B 越大,相当于把微小的栅距扩大了 $1/\theta$ 倍。

③ 移动特性。莫尔条纹随光栅尺的移动而移动,它们之间有严格的对应关系,包括移动方向和位移量。位移一个栅距 W,莫尔条纹也移动一个间距 B。移动方向的关系如表 10 - 1 所列。图 10 - 3 中,主光栅相对指示光栅的转角方向为逆时针方向。主光栅向左移动,则莫尔条纹向下移;主光栅向右移动,莫尔条纹向上移动。

④ 光强与位置关系。两块光栅相对移动时,从固定点观察到莫尔条纹光强的变化近似为余弦波形变化。光栅移动一个栅距 W,光强变化一个周期 2π,这种正弦波形的光强变化照射

到光电元件上,即可转换成电信号关于位置的正弦变化。

当光电元件接收到光的明暗变化,则光信号就转换为图 10-4 所示的电压信号输出,它可以用光栅位移量 x 的余弦函数表示:

$$\mu_{o} = U_{av} + U_{m}\cos\frac{2\pi x}{W} \qquad (10-1)$$

式中, μ_{o} ——光电元件输出的电压信号;

　　　U_{av} ——输出信号中的平均直流分量。

表 10-1　光栅移动与莫尔条纹移动关系表

主光栅相对指示 光栅的转角方向	主光栅移 动方向	莫尔条纹 移动方向
顺时针方向	←向左	↑向上
	→向右	↓向下
逆时针方向	←向左	↓向下
	→向右	↑向上

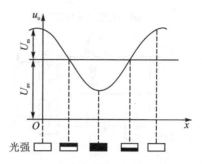

图 10-4　光栅位移与光强及光电元件输出电压的关系

2. 辨向原理

在实际应用中,被测物体的移动方向往往不是固定的。无论主光栅向前或向后移动,在一固定点观察时,莫尔条纹都是明暗交替变化。因此,只根据一条莫尔条纹信号,无法判别光栅移动方向,也就不能正确测量往复移动时的位移。为了辨向,需要两个一定相位差的莫尔条纹信号。

图 10-5 所示为辨向的工作原理和它的逻辑电路。在相隔 1/4 条纹间距的位置上安装两个光电元件,得到两个相位差 $\pi/2$ 的电信号 u_{o1} 和 u_{o2},经过整形后得到两个方波信号 u_{o1}' 和 u_{o2}'。从图中波形的对应关系可以看出,在光栅向 A 方向移动时,u_{o1}' 经微分电路后产生的脉冲(如图中实线所示)正好发生在 u_{o2}' 的"1"电平时,从而经与门 Y_1 输出一个计数脉冲。而 u_{o1}' 经反相微分后产生的脉冲(如图中虚线所示)则与 u_{o2}' 的"0"电平相遇,与门 Y_2 被阻塞,没有脉冲输出。在光栅作 $\overline{A}$ 方向移动时,u_{o1}' 的微分脉冲发生在 u_{o2}' 为"0"电平时,故与门 Y_1 无脉冲输出;而 u_{o1}' 反相微分所产生的脉冲则发生在 u_{o2}' 的"1"电平时,与门 Y_2 输出一个计数脉冲。因此,u_{o2}' 的电平状态可作为与门的控制信号,来控制 u_{o1}' 所产生的脉冲输出,从而就可以根据运动的方向正确地给出加计数脉冲和减计数脉冲。

3. 细分技术

由前面讨论可知,当光栅相对移动一个栅距 W,则莫尔条纹移过一个间距 B,与门输出一个计数脉冲,则其分辨率为 W。为了能分辨比 W 更小的位移量,就必须对电路进行处理,使之能在移动一个 W 内等间距地输出若干个计数脉冲,这种方法就称为细分。由于细分后计数脉冲的频率提高了,故又称为倍频。通常采用的细分方法有四倍频细分、电桥细分、复合细分等。下面简要介绍电桥细分法。

电桥细分法的基本原理可以用下面的电桥电路来说明。图 10-6(a)所示的电桥电路 U_{o1}' 和 U_{o2}' 分别为从光电元件得到的两个莫尔条纹信号,R_1 和 R_2 是桥臂电阻,R_L 为过零触发器负载电阻。

设 Z 点的输出电压力 U_z,根据节点电压法可知:

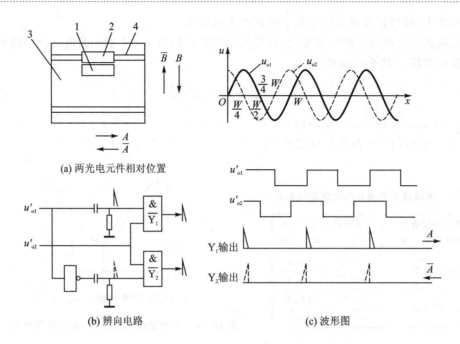

(a) 两光电元件相对位置

(b) 辨向电路　　(c) 波形图

1,2—光电元件;3—指示光栅;4—莫尔条纹;

$A(\overline{A})$—光栅移动方向;$B(\overline{B})$—对应 $A(\overline{A})$ 的莫尔条纹移动方向

图 10-5　辨向逻辑工作原理

$$\dot{U}_Z = \frac{\dot{U}_{o1}g_1 + \dot{U}_{o2}g_2}{g_1 + g_2 + g_L}$$

式中,$g_1 = \dfrac{1}{R_1}$,$g_2 = \dfrac{1}{R_2}$,$g_L = \dfrac{1}{R_L}$。

若电桥平衡时,则

$$\dot{U}_z = 0, \qquad \dot{U}_{o1}g_1 + \dot{U}_{o2}g_2 = 0 \tag{10-2}$$

如前述,莫尔条纹信号是光栅位置状态的正弦函数。令 $\dot{U}_{o1}$ 与 $\dot{U}_{o2}$ 的相位差为 $\pi/2$,光栅在任意位置 $x\left(\dfrac{2\pi x}{W}=\theta\right)$ 时,$\dot{U}_{o1}$ 和 $\dot{U}_{o2}$ 可以分别写成 $U\sin\theta$ 和 $U\cos\theta$,则式(10-2)可改写为

$$-\frac{\sin\theta}{\cos\theta} = \frac{R_1}{R_2} \tag{10-3}$$

由式(10-3)可知,选取不同 R_1/R_2 值,就可以得到任意的 θ 值,即在一个节距 W 以内的任何地方经过零触发器输出一个脉冲。虽然从式(10-3)看来,只有在第二、第四象限才能满足过零的条件,但是实际上取正弦、余弦及其反相的 4 个信号,组合起来就可以在 4 个象限内都得到细分。也就是说通过选择 R_1 和 R_2 的阻值,理论上可以得到任意多的细分数。

由式(10-2)可知,上述的平衡条件是在 $\dot{U}_{o1}$ 和 $\dot{U}_{o2}$ 的幅值相等、相位差为 $\pi/2$ 和信号与光栅位置有着严格的正弦函数关系的要求下得出的。因此,它对莫尔条纹信号的波形、两个信号的正交关系以及电路的稳定性都有严格的要求;否则会影响测量精度,带来一定的测量误差。

采用两个相位差 $\pi/2$ 的信号来进行测量和移相,在测量技术上获得了广泛的应用。虽然

具体电路不完全相同,但都是从这个基本原理出发的。

图 10－6(b)所示为 10 倍频细分的电位器桥细分电路,图中标明了各输出口的初相角。电桥接在放大级的后面,因为光电元件输出信号的幅值和功率都很小,直接与电桥相连接,将使后面的脉冲形成电路不能正常工作,此电路最大可进行 12 倍频细分。

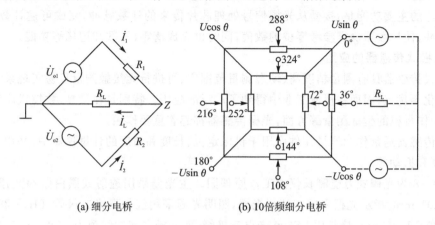

(a) 细分电桥　　　　　　　　(b) 10倍频细分电桥

图 10－6　电桥细分电路图

细分电桥是无源网络,它只能消耗前置级的功率,细分数愈大,消耗功率愈多,所以在选择桥臂电阻的阻值时,应考虑前后两级的衔接问题。阻值太大,影响输出,对后级不利;阻值太小,消耗功率太大,对前级加重负载。因此,应根据前级的负载能力、细分数和后级吸收电流要求综合考虑。

4. 光栅数显装置

光栅数显装置的结构示意和电路原理框图如图 10－7 所示。在实际应用中对于不带微处理器的光栅数显装置,完成有关功能的电路往往由一些大规模集成电路(LSI)芯片来实现,下面简要介绍国产光栅数显装置的 LSI 芯片对应完成的功能。这套芯片共分 3 片,另外再配两片驱动器和少量的电阻、电容,即可组成一台光栅数显表。

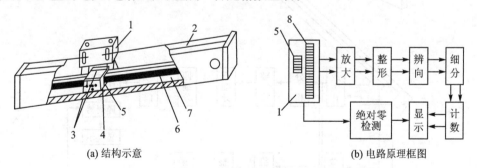

(a) 结构示意　　　　　　　　(b) 电路原理框图

1—读数头;2—壳体;3—发光接受线路板;4—指示光栅座;
5—指示光栅;6—光栅刻线;7—光栅尺;8—主光栅

图 10－7　光栅数量装置

(1) 光栅信号处理芯片(HKF710502)

该芯片的主要功能是:完成从光栅部件输入信号的同步、整形、四细分、辨向、加减控制、参考零位信号的处理、记忆功能的实现和分辨力的选择等。

（2）逻辑控制芯片（HKE701314）

该芯片的主要功能是：为整机提供高频和低频脉冲、完成 BCD 译码、XJ 校验以及超速报警等。

（3）可逆计数与零位记忆芯片（HKE701201）

该芯片的主要功能是：接受从光栅信号处理芯片传来的计数脉冲，完成可逆计数；接受参考零位脉冲，使计数器确定参考零位的数值，同时也完成清零、置数和记忆等功能。

5．光栅式传感器的应用

光栅式传感器具有测量精度高、动态测量范围广、可进行无接触测量且易实现系统的自动化和数字化等优点，因而在机械工业中得到了广泛的应用。特别是在量具、数控机床的闭环反馈控制、工作母机的坐标测量等方面，光栅传感器都起着重要作用。

光栅传感器通常作为测量元件应用于机床定位、长度和角度的计量仪器中，并用于测量速度、加速度和振动等。

图 10-8 为光栅式万能测长仪的工作原理图。主光栅采用透射式黑白振幅光栅，光栅栅距 $W=0.01$ mm，指示光栅采用四裂相光栅，照明光源采用红外发光二极管 TIL-23，其发光光谱为 930～1 000 nm，接收用 LS600 光电三极管，两光栅之间的间隙为 0.02～0.035 mm，由于主光栅和指示光栅之间的透光和遮光效应，形成莫尔条纹，当两块光栅相对移动时，便可接收到周期性变化的光通量。利用四裂相指示光栅依次获得 $\sin\theta,\cos\theta,-\sin\theta$ 和 $-\cos\theta$ 四路原始信号，以满足辨向和消除共模电压的需要。

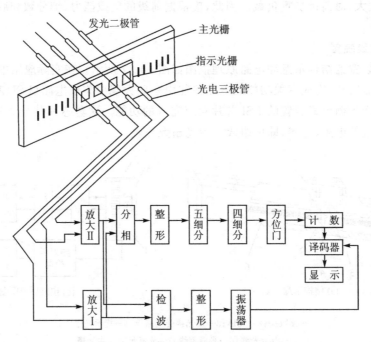

图 10-8 光栅式万能测长仪工作原理图

由光栅传感器获得的四路原始信号，经差分放大器放大、移相电路分相、整形电路整形、倍频电路细分、辨向电路辨向进入可逆计数器计数，由显示器显示读出。

随着微机技术的不断发展，目前人们已研制出带微机的光栅数显装置。采用微机后，可使硬件数量大大减少,功能越来越强。

10.2　光电编码器

编码器是将直线运动和转角运动变换为数字信号进行测量的一种传感器,它有光电式、电磁式和接触式等各种类型。从器件外形尺寸、分辨率、动态响应、可靠性、多种规格和成本等各种指标的综合评价,光电编码器具有最广泛的应用。光电编码器是用光电方法将转角和位移转换为各种代码形式的数字脉冲传感器,表 10 - 2 为光电编码器按其构造和数字脉冲的性质进行的分类表。其中增量式编码器需要一个计数系统,编码器的旋转编码盘通过敏感元件给出一系列脉冲,它在计数中对某个基数进行加或减,从而记录了旋转的角位移量。绝对式编码器可以在任意位置给出一个固定的与位置相对应的数字码输出。如果需要测量角位移量,它也不一定需要计数器,只要把前后两次位置的数字码相减就可以得到要求测量的角位移量。

表 10 - 2　光电编码器的分类

构造类型	转动方式	查线——线性编码器	
		转动——转轴编码器	
	光束形式	透射式	
		反射式	
信号性质	增量式	辨别方向	可辨向的增量式编码器
			不可辨向的脉冲发生器
		零位信号	有零位信号
			无零位信号
	绝对式	绝对式编码器	

10.2.1　增量式光电编码器

增量式光电编码器结构如图 10 - 9 所示。在它的编码盘边缘等间隔地制出 n 个透光槽。发光二极管(LED)发出的光透过槽孔被光敏二极管所接收。当码盘转过 $1/n$ 圈时,光敏二极管即发出一个计数脉冲,计数器对脉冲的个数进行加减增量计数,从而判断编码盘旋转的相对

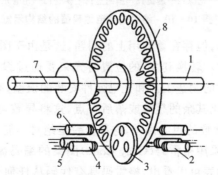

1—均匀分布透光槽的编码盘;2—LED 光源;3—狭缝;4—正弦信号接收器;
5—余弦信号接收器;6—零位读出光电元件;7—转轴;8—零位标记槽
图 10 - 9　增量式光电编码器结构示意

角度。为了得到编码器转动的绝对位置,还须设置一个基准点,如图中的"零位标志槽"。为了判断编码盘转动的方向,实际上设置了两套光电元件,如图中的正弦信号接收器和余弦信号接收器,其辨向原理及细分电路已在前面论述。

增量式光电编码器除了可以测量角位移外,还可以通过测量光电脉冲的频率,转而用来测量转速。如果通过机械装置,将直线位移转换成角位移,还可以用来测量直线位移。最简单的方法是采用齿轮-齿条或滚珠螺母-丝杠机械系统。这种测量方法测量直线位移的精度与机械式直线-旋转转换器的精度有关。

10.2.2　绝对式光电编码器

绝对式光电编码器的编码盘由透明及不透明区组成,这些透明及不透明区按一定编码构成,编码盘上码道的条数就是数码的位数。图 10-10(a)所示为一个 4 位自然二进制编码器的编码盘,若涂黑部分为不透明区,输出为"1",则空白部分为透明区,输出为"0",它有 4 条码道,对应每一条码道有一个光电元件来接受透过编码盘的光线。当编码盘与被测物转轴一起转动时,若采用 n 位编码盘,则能分辨的角度为

$$\alpha = \frac{360°}{2^n} \tag{10-4}$$

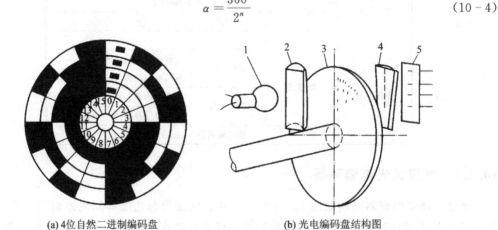

(a) 4位自然二进制编码盘　　　　　(b) 光电编码盘结构图

1—光源;2—透镜;3—编码盘;4—狭缝;5—光电元件

图 10-10　绝对式光电编码器的结构示意

自然二进制码虽然简单,但存在着使用上的问题,这是由于图案转换点处位置不分明而引起的粗大误差。例如,在由"7"转换到"8"的位置时光束要通过编码盘 0111 和 1000 的交界处(或称渡越区)。因为编码盘的制造工艺和光电元件安装的误差,有可能使读数头的最内圈(高位)定位位置上的光电元件比其余的超前或落后一点,这将导致可能出现两种极端的读数值,即 1111 和 0000,从而引起读数的粗大误差,这种误差是绝对不能允许的。

为了避免这种误差,可采用格雷码(Gray Code)图案的编码盘,表 10-3 给出了格雷码和自然二进制码的比较。由此表可以看出,格雷码具有代码从任何值转换到相邻值时字节各位数中仅有一位发生状态变化的特点。而自然二进制码则不同,代码经常有 2~3 位甚至 4 位数值同时变化的情况。这样,采用格雷码的方法即使发生前述的错移,由于它在进位时相邻界面图案的转换仅仅发生一个最小量化单位(最小分辨率)的改变,因而不会产生粗大误差。这种

编码方法称作单位距离性码,是实用中常采用的方法。

表 10 - 3　自然二进制码和格雷码的比较

D (十进制)	B (二进制)	R (格雷码)	D (十进制)	B (二进制)	R (格雷码)
0	0000	0000	8	1000	1100
1	0001	0001	9	1001	1101
2	0010	0011	10	1010	1111
3	0011	0010	11	1011	1110
4	0100	0110	12	1100	1010
5	0101	0111	13	1101	1011
6	0110	0101	14	1110	1001
7	0111	0100	15	1111	1000

　　绝对式光电编码器对应每一条码道有一个光电元件,当码道处于不同角度时,经光电转换的输出就呈现出不同的数码,如图 10 - 10(b)所示。它的优点是没有触点磨损,因而允许转速高,最外层缝隙宽度可做得更小,所以精度也很高,其缺点是结构复杂,价格高,光源寿命短。国内已有 14 位编码器的定型产品。

　　图 10 - 11 所示为光电式编码器测角仪原理。在采用循环码的情况下,每一码道有一个光电元件,在采用二进码或其他需要"纠错"即防止产生粗误差的场合下,除最低位外,其他各个码道均需要双缝和两个光电元件。

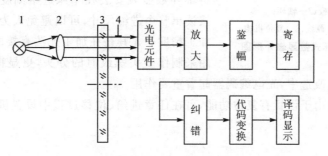

1—光源;2—聚光镜;3—编码盘;4—狭缝光阑
图 10 - 11　绝对式光电编码器测角仪原理图

　　根据编码盘的转角位置,各光电元件输出不同大小的光电信号,这些信号经放大后送入鉴幅电路,以鉴别各个码道输出的光电信号对应于"0"态或"1"态。经过鉴幅后得到一组反映转角位置的编码,将它送入寄存器。在采用二进制、十进制、度分秒进制编码盘或采用组合编码盘时,有时为了防止产生粗大误差,通常用"纠错"电路完成"纠错"功能。有些还要经过代码变换,再经译码显示电路显示编码盘的转角位置。

　　绝对式光电编码器的主要技术指标如下:

　　① 分辨率。分辨率指每转一周所能产生的脉冲数。由于刻线和偏心误差的限制,码盘的图案不能过细,一般线宽 20~30 μm。可采用电子细分的方法进一步提高分辨率,现已经达到 100 倍细分的水平。

② 输出信号的电特性。表示输出信号的形式(代码形式,输出波形)和信号电平以及电源要求等参数称为输出信号的电特性。

③ 频率特性。频率特性是对高速转动的响应能力,取决于光电元件的响应和负载电阻以及转子的机械惯量。一般的响应频率为 30~80 kHz,最高可达 100 kHz。

④ 使用特性。使用特性包括器件的几何尺寸和环境温度。外形尺寸由 $\phi30 \sim \phi200$ mm 不等,随分辨率提高而加大。采用光电元件温度差动补偿的方法其温度范围可达 $-5 \sim +50$ ℃。

10.2.3　光电编码器的应用

1. 位置测量

把输出的脉冲 f 和 g 分别输入到可逆计数器的正、反计数端进行计数,可检测到输出脉冲的数量,把这个数量乘以脉冲当量(转角/脉冲)就可测出编码盘转过的角度。为了能够得到绝对转角,在起始位置,对可逆计数器清零。

在进行直线距离测量时,通常把它装到伺服电机轴上,伺服电机又与滚珠丝杠相连,当伺服电机转动时,由滚珠丝杠带动工作台或刀具移动,这时编码器的转角对应直线移动部件的移动量,因此可根据伺服电机和丝杠的传动以及丝杠的导程来计算移动部件的位置。

光电编码器的典型应用产品是轴环式数显表,它是一个将光电编码器与数字电路装在一起的数字式转角测量仪表,其外形如图 10-12 所示。它适用于车床、铣床等中小型机床的进给量和位移量的显示。例如,将轴环数显表安装在车床进给刻度轮的位置,就可直接读出整个进给尺寸,可以避免人为的读数误差,提高加工精度。尤其是在加工无法直接测量的内台阶孔和用来制作多头螺纹时的分头,更显得优越。目前企业

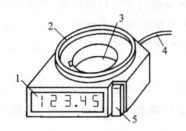

1—数显面板;2—轴环;
3—穿轴孔;4—电源线;5—复位机构
图 10-12　轴环式数显表外形图

老式设备数显技术改造中,光电编码器起着重要作用。

轴环式数显表由于设置有复位功能,可在任意进给、位移过程中设置机械零位,因此使用特别方便。

2. 转速测量

转速可由编码器发出的脉冲频率(或脉冲周期)来测量。利用脉冲频率测量是在给定的时间内对编码器发出的脉冲计数,然后由下式求出其转速(单位为 r/min):

$$n = \frac{N_1}{N} \cdot \frac{60}{t} \qquad (10-5)$$

式中,t——测速采样时间;

N_1——t 时间内测得的脉冲个数;

N——编码器每转脉冲数。

编码器每转脉冲数与所用编码器型号有关,数控机床上常用 LF 型编码器,每转脉冲数有 20~5 000 共 36 挡,一般采用 1 024 P/r,2 000 P/r,2 500 P/r 和 3 000 P/r 等几挡。

图 10-13(a)所示是用脉冲频率法测转速的原理,在给定 t 时间内,使门电路选通,编码器输出脉冲允许进入计数器计数,这样可算出 t 时间内编码器的平均转速。

利用脉冲周期测量转速,是通过计数编码器一个脉冲间隔内(脉冲周期)标准时钟脉冲个数来计算其转速,转速(单位为 r/min)可由下述公式计算:

$$n = \frac{60}{2N_2NT} \qquad\qquad (10-6)$$

式中,N——编码器每转脉冲数;

　　N_2——编码器一个脉冲间隔内标准时钟脉冲输出个数;

　　T——标准时钟脉冲周期,单位为 s。

图 10-13(b)所示为用脉冲周期测量转速的原理,当编码器输出脉冲正半周时选通门电路,标准时钟脉冲通过控制门进入计数器计数,计数器输出 N_2,即可用式(10-6)计算出其转速。

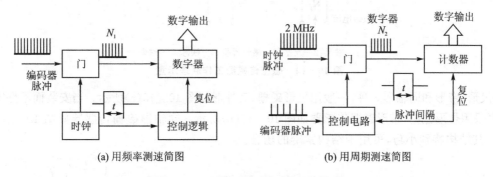

(a) 用频率测速简图　　　　　　　　　　(b) 用周期测速简图

图 10-13　光电编码器测速原理简图

10.3　磁栅式传感器

磁栅式传感器是近年来发展起来的新型检测元件。与其他类型的检测元件相比,磁栅传感器具有制作简单、测量范围宽(从几十毫米到数十米)、不需要接长、抗干扰能力强以及易于安装和调整等一系列优点,因而在大型机床的数字检测、自动化机床的自动控制及轧压机的定位控制等方面得到了广泛应用。

10.3.1　磁栅的组成及类型

1. 磁栅的组成

磁栅式传感器是由磁栅(简称磁尺)、磁头和检测电路组成。如图 10-14 所示,磁尺是用非导磁性材料做尺基,在尺基的上面镀一层均匀的磁性薄膜,然后录上一定波长的磁信号。磁信号的波长又称节距,用 W 表示。在 N 与 N,S 与 S 重叠部分磁感应强度最强,但两者极性相反。目前常用的磁信号节距为 0.05 mm 和 0.20 mm 两种。

磁头可分为动态磁头(又称速度响应式磁头)和静态磁头(又称磁通响应式磁头)两大类。动态磁头在磁头与磁尺间有相对运动时,才有信号输出,故不适用于速度不均匀或时走时停的机床。而静态磁头在磁头与磁栅间没有相对运动时也有信号输出。

2. 磁栅的类型

磁栅分为长磁栅和圆磁栅两类。前者用于测量直线位移,后者用于测量角位移。长磁栅可

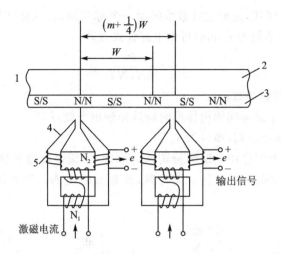

1—磁尺;2—尺基;3—磁性薄膜;4—铁芯;5—磁头

图 10 - 14　磁栅传感器工作原理示意

分为尺形、带形和同轴形 3 种,一般用尺形磁栅,其外形如图 10 - 15(a)所示。当安装面不好安排时,可采用带形磁栅,带形磁栅传感器如图 10 - 15(b)所示。同轴形磁栅传感器如图 10 - 15(c)所示,其结构特别小巧,可用于结构紧凑的场合。

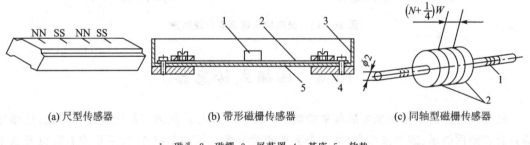

(a) 尺型传感器　　　　(b) 带形磁栅传感器　　　　(c) 同轴型磁栅传感器

1—磁头;2—磁栅;3—屏蔽罩;4—基座;5—软垫

图 10 - 15　长磁栅传感器的类型

10.3.2　磁栅式传感器的工作原理

1. 基本工作原理

以静态磁头为例来叙述磁栅传感器的工作原理。静态磁头的结构如图 10 - 14 所示,它有两组绕组,一组为激磁绕组 N_1,另一组为输出绕组 N_2。当绕组 N_1 通入激磁电流时,磁通的一部分通过铁芯,在 N_2 绕组中产生电势信号。如果铁芯空隙中同时受到磁栅剩余磁通的影响,那么由于磁栅剩余磁通极性的变化,N_2 中产生的电势振幅就受到调制。

实际上,静态磁头中的 N_1 绕组起到磁路开关的作用。当激磁绕组 N_1 中不通电流时,磁路处于不饱和状态,磁栅上的磁力线通过磁头铁芯而闭合。这时,磁路中的磁感应强度决定于磁头与磁栅的相对位置。如在绕组 N_1 中通入交变电流,当交变电流达到某一个幅值时,铁芯饱和而使磁路"断开",磁栅上的剩磁通就不能在磁头铁芯中通过。反之,当交变电流小于额定值时,可使铁芯不饱和,磁路被"接通",则磁栅上的剩磁通就可以在磁头铁芯中通过,随着激磁交变电流的变化,可饱和铁芯这一磁路开关不断地"通"和"断",进入磁头的剩磁通就时有时无。这样,在磁头铁芯的绕组 N_2 中就产生感应电势,它主要与磁头在磁栅上所处的位置有关,而与磁头和磁栅之间的相对速度关系不大。

由于在激磁突变电流变化中,不管它在正半周或负半周,只要电流幅值超过某一额定值,它产生的正向或反向磁场均可使磁头的铁芯饱和,这样在它变化的一个周期中,可使铁芯饱和两次,磁头输出绕组中输出电压信号为非正弦周期函数,所以其基波分量角频率 ω 是输入频率的 2 倍。

磁头输出的电势信号经检波,保留其基波成分,可用下式表示:

$$E = E_\mathrm{m}\cos\frac{2\pi x}{W} \cdot \sin\omega t \tag{10-7}$$

式中,E_m——感应电势的幅值;

　　W——磁栅信号的节距;

　　x——机械位移量。

为了辨别方向,图 10 - 14 中采用两只相距 $\left(m+\dfrac{1}{4}\right)W$($m$ 为整数)的磁头,为了保证距离的准确性,通常两个磁头做成一体,两个磁头输出信号的载频相位差为 $90°$。经鉴相信号处理或鉴幅信号处理,并经细分、辨向、可逆计数后显示位移的大小和方向。

2. 信号处理方式

当图 10 - 14 中两只磁头励磁线圈加上同一励磁电流时,两磁头输出绕组的输出信号为

$$\begin{cases} E_1 = E_\mathrm{m}\cos\dfrac{2\pi x}{W}\sin\omega t \\[2mm] E_2 = E_\mathrm{m}\sin\dfrac{2\pi x}{W}\sin\omega t \end{cases} \tag{10-8}$$

式中,$\dfrac{2\pi x}{W}$——机械位移相角,$\dfrac{2\pi x}{W}=0$。

磁栅传感器的信号处理方式有鉴相式和鉴幅式两种,下面简要介绍这两种信号处理方式。

① 鉴相处理方式。鉴相处理方式就是利用输出信号的相位大小来反映磁头的位移量或与磁尺的相对位置的信号处理方式。将第二个磁头的电压读出信号移相 $90°$,两磁头的输出信号则变为

$$\begin{cases} E'_1 = E_\mathrm{m}\cos\dfrac{2\pi x}{W}\sin\omega t \\[2mm] E'_2 = E_\mathrm{m}\sin\dfrac{2\pi x}{W}\cos\omega t \end{cases} \tag{10-9}$$

将两路输出用求和电路相加,则获得总输出为

$$E = E_\mathrm{m}\sin\left(\omega t + \frac{2\pi x}{W}\right) \tag{10-10}$$

式(10 - 10)表明,感应电动势正的幅值恒定,其相位变化正比于位移量 x。该信号经带通滤波、整形、鉴相细分电路后产生脉冲信号,由可逆计数器计数,显示器显示相应的位移量。图 10 - 16 为鉴相型磁栅传感器的原理框图,其中鉴相细分是对调制信号的一种细分方法,其实现手段可参见有关书籍。

② 鉴幅方式。鉴幅处理方式就是利用输出信号的幅值大小来反映磁头的位移量或与磁尺的相对位置的信号处理方式。由式(10 - 8)可知,两个磁头输出信号的幅值是与磁头位置 x

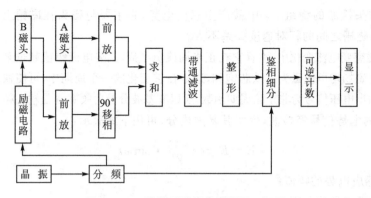

图 10-16 鉴相型磁栅传感器原理框图

成正余弦关系的信号。经检波器去掉高频载波后,可得

$$\begin{cases} E''_1 = E_{\mathrm{m}} \cos \dfrac{2\pi x}{W} \\ E''_2 = E_{\mathrm{m}} \sin \dfrac{2\pi x}{W} \end{cases} \tag{10-11}$$

此相差 90°的两个关于位移 x 的正余弦信号与光栅传感器两个光电元件的输出信号是完全相同的,所以它们的细分方法及辨向原理与光栅传感器也完全相同。图 10-17 为鉴幅型磁栅传感器的原理框图。

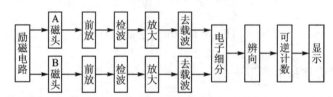

图 10-17 鉴幅型磁栅传感器的原理框图

3. 磁栅数显装置

磁栅数显装置的结构示意如图 10-18 所示,其电路原理框图见图 10-16 与图 10-17。下面简要介绍国产磁栅数显装置的 LSI 芯片对应完成的功能。这些芯片再配两片驱动器和少量的电阻、电容,即可组成一台磁栅数显表。

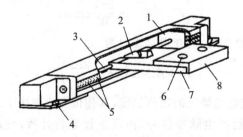

1—固定块;2—磁头;3—磁性标尺;4—尺体安装孔;
5—泡沫垫;6—滑板安装孔;7—磁头连接板;8—滑板
图 10-18 磁栅数显装置的结构示意

（1）磁头放大器（SF023）

磁头放大器是连接磁尺和数显表的一个部件，其主要功能是：两只磁头输入信号的放大（即通道 A 和通道 B）；通道 B 信号移相 90°；通道 A 和通道 B 信号求和放大；补偿两只磁头特性所需的调整和来自数显表供给两只磁头的励磁信号。

（2）磁尺检测专用集成芯片（SF6114）

该芯片的主要功能是：对磁尺励磁信号的低通滤波和功率放大；供给磁头的励磁信号；对磁头放大器输出信号经滤波后进行放大、限幅、整形为矩形波；接受反馈控制信号对磁尺检出信号进行相位微调。

（3）磁尺细分专用集成芯片 SIM - 011

该芯片的主要功能是：对磁尺的节距 $W = 200\ \mu m$ 实现 200 或 40 或 20 等分的电气细分，从而获得 $1\ \mu m, 5\ \mu m, 10\ \mu m$ 的分辨力（最小显示值）。

（4）可逆计数芯片（WK50395）

该芯片是带有比较寄存器和锁存器的 P 沟道 MOS 6 位十进制同步可逆计数/显示驱动器。计数器和寄存器可以逐位用 BCD 码置数，计数器具有异步清零功能。芯片 WK50395 与光栅数显装置的芯片 HKE701201 具有相同的功能，但两者制造工艺不同。芯片 HKE701201 采用的是硅栅 CMOS 工艺，因而它有较好的频响特性，最高频率可达 2 MHz，而前者只有 1 MHz。

10.3.3　磁栅式传感器的应用

磁栅传感器的应用如下：

1. 可以作为高精度测量长度和角度的测量仪器用

由于可以采用激光定位录磁，而不需要采用感光、腐蚀等工艺，因而可以得到较高的精度，目前可以做到系统精度为 ±0.01 mm/m，分辨率可达 1～5 μm。

2. 可以用于自动化控制系统中的检测元件（线位移）

例如用于三坐标测量机、程控数控机床及高精度重、中型机床控制系统中的测量装置。

图 10 - 19 为上海机床研究所生产的 ZCB—101 鉴相型磁栅数显表的原理框图。目前磁栅数显表已采用微机来实现图 10 - 19 框图中的功能。这样，硬件的数量大大减少，而功能却

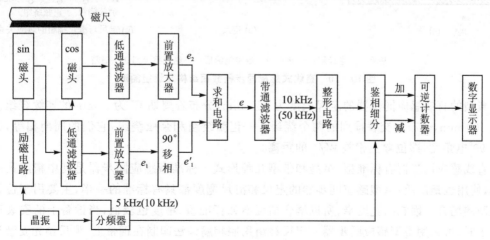

图 10 - 19　ZCB—101 磁栅数显表原理框图

优于普通数显表。现以上海机床研究所生产的 WCB 微机磁栅数显表为例来说明带微机数显表的功能。WCB 与该所生产的 XCC 系列以及日本 Sony 公司各种系列的直线形磁尺兼容,组成直线位移数显装置。该表具有位移显示功能、直径/半径、公制/英制转换及显示功能、数据预置功能、断电记忆功能、超限报警功能、非线性误差修正功能及故障自检功能等。它能同时测量 x,y,z 3 个方向的位移,通过计算机软件程序对 3 个坐标轴的数据进行处理,分别显示 3 个坐标轴的位移数据。当用户的坐标轴数大于 1 时,其经济效益指标就明显优于普通形数显表。

10.4　感应同步器

感应同步器是一种新颖的数字位置检测元件,具有精度高、抗干扰能力强、工作可靠、对工作环境要求低、维护方便、寿命长和制造工艺简单等优点。因此被广泛应用于自动化测量和控制系统中。

10.4.1　感应同步器的结构和类型

感应同步器分为直线式和旋转式(圆盘式)两种基本类型,直线式用于测量直线位移,旋转式用于测量角位移,它们的基本工作原理是相同的。感应同步器是由可以相对移动的滑尺和定尺(对于直线式)或转子和定子(对于旋转式)组成,它们的截面结构如图 10-20 所示。基板材料一般采用低碳钢或者玻璃等非导磁材料。加工后的基板上粘贴绝缘层和铜箔,绝缘层和铜箔要求厚度均匀和平整。一般在保证绝缘强度条件下,绝缘层越薄越好(<0.1 mm),铜箔厚度为 0.04~0.05 mm。采用玻璃基板时则用真空蒸镀铝或银,然后再用光刻和化学腐蚀工艺将铜箔或铝膜蚀刻成需要的图形。最后进行表面防护处理,在滑尺表面贴上一层铝箔,以防止静电感应。

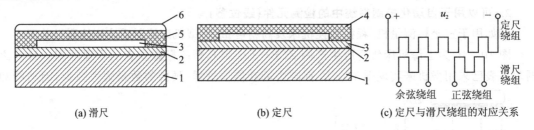

(a) 滑尺　　(b) 定尺　　(c) 定尺与滑尺绕组的对应关系

1—基板;2—绝缘层;3—导片;4—耐腐绝缘层;5—绝缘黏合剂;6—铝箔
图 10-20　直线式感应同步器截面结构及绕组图形

典型的直线感应同步器的定尺长度为 250 mm,分布着周期 W 为 2 mm 的连续绕组。滑尺长 100 mm,分布着交替排列的两个绕组——正弦绕组和余弦绕组,它们的周期相等,相位差为 90°电角度,即位置上相差 W/4 的距离。

直线感应同步器有标准型、窄型和带型几种形式。标准型感应同步器是其中精度最高的一种,使用也最广泛;窄型感应同步器的定尺和滑尺宽度都只有标准的一半,主要用于位置受到限制的场合。因它的宽度窄,所以耦合情况不如标准型,精度也较低,当设备上的安装面不易加工时,可采用带型感应同步器。定尺绕组用照相腐蚀法印制在钢带上,滑尺预先安装调整好并封装在一个盒子里,通过支架与机体连接。由于钢带两端固定点可随设备伸缩,故能减小由于热变形而产生的测量误差。

当量程较大时,可将标准型和窄型感应器同步器的定尺拼接使用,带型定尺不需要拼接,但由于其刚性较差,机械安装参数不易保证,其测量精度也比标准型低。各种直线式感应同步器的尺寸和精度列于表 10 - 4 中。

表 10 - 4　直线式感应同步器的尺寸和精度

种　类	定尺尺寸/mm	滑尺尺寸/mm	测量周期/mm	精度/μm
标准型	250×58×9.5	100×73×9.5	2	1.5~2.5
窄　型	250×30×9.5	74×35×9.5	2	2.5~5.0
带　型	(200~2 000)×19	—	2	10

10.4.2　感应同步器的工作原理

将感应同步器定尺与滑尺面对面地安装在一起,并使两者之间留有约 0.25 mm 的间隙。在定尺绕组上加上激励电流 $i = I_m \sin\omega t$,于是滑尺绕组中便产生感应电势,其值为

$$E = \frac{K' \mathrm{d}i}{\mathrm{d}t} = KU_m\omega\cos\omega t \tag{10 - 12}$$

式中,K 是定尺绕组与滑尺绕组间的耦合系数,它与许多因素有关,这里值得指出的是它还与两绕组的相对位置有关。图 10 - 21 所示为感应同步器的工作原理,图(a)的 A 点处滑尺中的余弦绕组与定尺绕组重合,耦合系数 K_C 最大,而正弦绕组正好跨在定尺绕组上,通过正弦绕组的磁力线左右各半,方向相反,相互抵消,耦合系数 K_S 为零;图(a)的 B 点处滑尺向右移动 $W/4$,则 K_C 为零,K_S 为最大;图(a)的 C 点处滑尺向右移至 $W/2$ 处,余弦绕组与定尺反向重合,K_C 为反向最大,正弦绕组又跨在定尺绕组上,K_S 为零;同理图(a)的 D 点处 K_C 为零,K_S 为反向最大;图(a)的正点处又重复到图(a)的 A 点处位置。从以上分析可作出如图 10 - 21(b)所示的正余弦绕组耦合系数与相对位置的关系曲线,其表达式如下:

$$\begin{cases} K_S = K_0\sin\dfrac{2\pi}{W}x \\ K_C = K_0\cos\dfrac{2\pi}{W}x \end{cases} \tag{10 - 13}$$

式中,K_0——最大耦合系数;

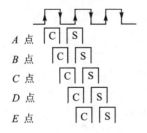

(a) 定尺与滑尺的相对位置

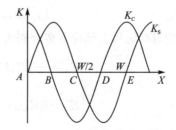

(b) 正余弦绕组的耦合系数与相对位置的关系

图 10 - 21　感应同步器的工作原理

x——位移量；

W——绕组的周期。

将式（10-13）代入式（10-12）可得正余弦绕组感应电势：

$$\begin{cases} E_S = E_m \sin\dfrac{2\pi x}{W}\cos\omega t \\ E_C = E_m \cos\dfrac{2\pi x}{W}\cos\omega t \end{cases} \quad (10-14)$$

式中，$E_m = K_0 U_m \omega$。

利用专门设计的电路，对感应电势进行适当处理，就可以把位移量 x 检测出来。

与磁栅传感器相同，感应同步器输出信号也可采用不同的处理方式。从励磁形式来说一般可分为两大类，一类是以滑尺（或转子）励磁，由定尺（或定子）取出感应电动势，另一类则相反，目前较多采用的是前一类形式激励。依信号处理方式而言，一般可分为鉴相型、鉴幅型和脉冲调宽型3种，而脉冲调宽型本质上也是一种鉴幅型信号处理方式。下面简要介绍感应同步器鉴相型和鉴幅型信号处理方式。

1. 鉴相方式

若在滑尺的正弦、余弦绕组上供给幅值和频率相同、相位差90°的励磁电压 u_S 和 u_C，即

$$\begin{cases} u_S = U_m \sin\omega t \\ u_C = -U_m \cos\omega t \end{cases} \quad (10-15)$$

式中，U_m——励磁电压幅值。

两个励磁绕组在定尺绕组上感应电势分别为

$$\begin{cases} E_S = E_m \sin\dfrac{2\pi x}{W}\cos\omega t \\ E_C = E_m \cos\dfrac{2\pi x}{W}\sin\omega t \end{cases} \quad (10-16)$$

式（10-16）与磁栅传感器鉴相方式中的式（10-9）完全相同，下面的信号处理步骤也与磁栅传感器的鉴相方式相同。

2. 鉴幅方式

若在滑尺的正弦、余弦绕组上供以同频、反相，但幅值不等的交流励磁电压 u_S 和 u_C（一般由函数发生器提供），即

$$\begin{cases} u_S = U\cos\varphi \cos\omega t \\ u_C = -U\sin\varphi \cos\omega t \end{cases} \quad (10-17)$$

两个励磁绕组在定尺上感应电势分别为

$$\begin{cases} E_S = -\omega K_0 U\cos\varphi \sin\dfrac{2\pi x}{W}\sin\omega t \\ E_C = \omega K_0 U\sin\varphi \cos\dfrac{2\pi x}{W}\sin\omega t \end{cases} \quad (10-18)$$

定尺上的总感应电势为

$$E = E_S + E_C = \omega K_0 U\sin(\varphi - \theta_x)\sin\omega t = E_m \sin\omega t \quad (10-19)$$

式中，$\theta_x = \dfrac{2\pi x}{W}$，$E_C = \omega K_0 U\sin(\varphi - \theta_x)$。

式(10‐19)把感应同步器定尺与滑尺的相对位移 x 和感应电势的幅值 E_m 联系起来。通过鉴别感应电势 E 的幅值,来测出两尺之间的相对位移。当 $\theta_x = \varphi$ 时,感应电势 E 为零,E 的幅值随 θ_x 而改变。

10.4.3　感应同步器在数控机床闭环系统中的应用

随着机床自动化程度的提高,机床控制技术已发展到 CNC(计算机数控)、MNC(微机数控)、DNC(直接数控,也称群控)、FMS(柔性制造系统)等阶段。这些控制系统的发展,也离不开精确的位移检测元件。由于感应同步器具有抗干扰能力强、可靠性高、对环境的适应性较强、重复精度高、结构坚固及维护简单等一系列优点,使其成为数控机床闭环系统中最重要的位移检测元件之一,受到国内外的普遍重视。

1. 定位控制系统

在自动化加工和控制中,往往要求加工件或控制对象按给定的指令移动位置,这是位置控制系统所应具有的基本功能。定位控制仅仅要求控制对象按指令进入要求的位置,对运动的速度无特定的要求。在加工过程中,主要实现坐标点到点的准确定位。比较典型的是卧式镗床、坐标镗床和镗铣床在切削加工前刀具的定位过程。

图 10‐22 为鉴幅型滑尺励磁定位控制原理框图,由输入指令脉冲给可逆计数器,经译码、D/A 转换、放大后送执行机构驱动滑尺。滑尺由数显表函数变压器输出幅值为 $U\sin\varphi$ 和 $U\cos\varphi$ 的余弦信号分别励磁滑尺的正弦、余弦绕组,定尺输出幅值为 $U_m\sin(\varphi - \theta_x)$ 到数显表,计下与 θ_x 同步时的 φ,并向可逆计数器发出脉冲,如果可逆计数器不为零,执行机构就一直驱动滑尺,数显表不断计数并发出减脉冲送可逆计数器,直到滑尺位移值和指令信号一致时,可逆计数器为零,执行机构停止驱动。从而达到定位控制的目的。

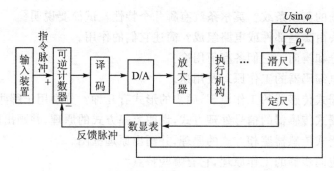

图 10‐22　鉴幅型滑尺励磁定位控制原理框图

2. 随动控制系统

随动控制系统是在机床主动部件上安装检测元件,发出主动位置检测信号,并用它作为控制系统的指令信号,而机床的从动部件,则通过从动部件的反馈信号和主动部件间始终保持着严格的同步随动运动。由于感应同步器具有很高的灵敏度,只要自动控制系统和机械传动部件处理得当,使用感应同步器为检测元件的精密同步随动系统可以获得很高的随动精度。

图 10‐23 为鉴相型滑尺励磁随动控制原理框图,标准信号发生器发出幅值相同的 $\sin\omega t$ 和 $\cos\omega t$ 信号同时送到主动滑尺和从动滑尺作为励磁信号。主动定尺感应到 $\sin(\omega t + \theta_主)$,从动定尺感应到 $\sin(\omega t + \theta_从)$,两路信号经鉴相器鉴相得出相位差 $\Delta\theta = \theta_主 - \theta_从$,当 $\Delta\theta \neq 0$

时,说明从动部分和主动部分的位移不一致,将 $\Delta\theta$ 经放大后驱动电动机 M,使从动部分动作,直到 $\theta_主=\theta_从$,达到随动控制目的。

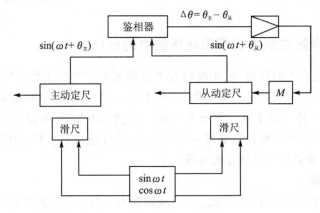

图 10-23 鉴相型滑尺励磁随动控制原理框图

这种随动控制系统可用于仿形机床和滚齿机等设备上。仿形机床是直线-直线运动方式的精密随动控制系统。在加工成形平面的自动化设备中,利用两套直线感应同步器沿工件模型轮廓运动,同时发出两个坐标轴的指令信号,分别控制另外两套感应同步器,就可使电火花切割机、气割焊枪或铣刀加工出和模型一致的工件。对于大型工件,例如万吨轮船钢板下料,可将模型或图纸缩小,而随动系统按一定比例放大,自动切割出所需形状。

习 题

1. 什么是光栅的莫尔条纹?莫尔条纹有哪几个特性?试简要说明。
2. 光栅读数头由哪些部件或电路组成?简述它们的作用。
3. 什么是细分和辨向?它们各有何用途?
4. 试简述光电编码器的工作原理及用途。
5. 试简述磁栅式传感器的工作原理,磁头的形式有几种?分别用于哪些场合?
6. 试指出磁栅式传感器的信号处理方式,说明鉴幅方式的原理,并画出原理框图。
7. 试说明磁栅式传感器鉴相方式的原理,并画出原理框图。
8. 试简述感应同步器的工作原理,它有哪些特点?
9. 感应同步器的信号处理方式有几种?说明其工作原理。

第 11 章　新型传感器

随着现代科学技术的发展,许多新效应、新材料不断被发现,新的加工制造工艺不断发展和完善,这些都促进了新型传感器的研究和开发。所谓新型传感器,是指新近研究开发出来的、已经或正在走向实用化的传感器。相对于传统传感器,新型传感器技术含量高、功能强,涵盖传统传感器较少涉及的领域。了解和学习这些新型传感器有利于掌握新知识、新工艺、新材料和新应用。本章将介绍近年发展起来的新型传感器,如集成温度传感器、磁性传感器、光导纤维传感器、图像传感器以及它们的应用。

11.1　集成温度传感器及应用

温度是反映物体冷热程度的物理量。温度传感器的应用领域非常广泛,在工农业生产、国防、科研领域和日常生活中,温度传感器是使用数量最大的传感器之一。我们在前面曾学过热电阻传感器、热电偶传感器,它们的应用已有几十年,而目前一种半导体集成单片式温度传感器正在迅速崛起,在中、低温($-50 \sim +200$ ℃)领域,它将逐渐取代传统的温度传感器。目前,单片集成温度传感器正朝着微型化、智能化、网络化方向发展。

集成温度传感器(温度 IC)将温度敏感元件和放大、运算和补偿等电路采用微电子技术和集成工艺集成在一片芯片上,从而构成集测量、放大、电源供电回路于一体的高性能的测温传感器。它与传统的热电阻、热电偶相比,具有体积小、线性好、灵敏度高、稳定性好、输出信号大、互换性好、无须冷端补偿、不需要进行非线性校准以及外围电路简单等优点,是其他温度传感器所无法比拟的,代表温度传感器的发展方向。

集成温度传感器的测温范围一般为$-50 \sim +150$ ℃,适合于远距离测温、控制,目前在电脑、家用电器中有广泛的应用,并逐渐在工业各领域得到应用。本节将简要介绍它们的工作原理、典型产品(如 AD590,LM35,LM74,MAX6675 等)及应用。

11.1.1　集成温度传感器的测温原理

1. PN 结的温度特性

集成温度传感器的测温基础是 PN 结的温度特性。硅二极管或晶体管的 PN 结在结电流I_D一定时,正向电压降U_D以-2 mV/℃变化。通常,20 ℃时,其U_D约 600 mV。当环境温度变化 100 ℃时,例如从 20 ℃增加到 120 ℃时,其正向电压降U_D约降低了 200 mV,如图 11-1 所示。电路的测温范围取决于二极管允许的工作温度范围。大多数二极管可以在$-50 \sim +150$ ℃范围内工作。由图 11-1 所示的恒电流负载线(图中的 0.5 mA 水平线)与不同温度下的正向电压曲线交点的间隔可以看出,半导体硅材料的 PN 结正向导通电压与温度变化呈线性关系,所以可将感受到温度变化转换成电压的变化量。

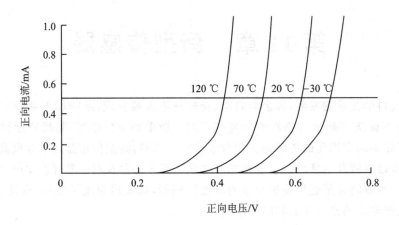

图 11-1　二极管正向电压与温度之间的关系

2. 集成温度传感器内部的测温简化电路分析

集成温度传感器内部多将一个晶体管的集电极与基极短接,构成温度特性更好的 PN 结,

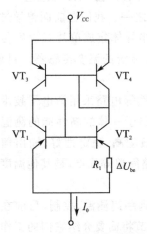

图 11-2　集成温度传感器的
测温简化电路

如图 11-2 中的 VT_1 所示。集成温度传感器内部除了 PN 结之外,还有恒流源(见图 11-2 中的 VT_3,VT_4)、放大器和输出级等电路。

在集成温度传感器内部,两只测温晶体管(VT_1,VT_2)的 b−e 结压降的不饱和值 U_{be} 之差 ΔU_{be}(R_1 上的压降)与热力学温度 T 有下述关系:

$$\Delta U_{be} = \frac{kT}{q}\ln\left(\frac{J_{c_1}}{J_{c_2}}\right) \qquad (11-1)$$

式中,k——玻耳兹曼常数;

q——电子电荷绝对值;

J_{c_1},J_{c_2}——两只晶体管的集电极电流密度,由制造工艺决定,为固定值。

后续放大电路将 R_1 上的压降放大、处理,就可以得到与温度成正比的电压或电流输出,有时还可输出数字脉冲信号。

11.1.2　集成温度传感器的类型

集成温度传感器可分为模拟型集成温度传感器和数字型集成温度传感器。模拟型集成温度传感器的输出信号形式有电压型和电流型两种。电压型的灵敏度多为 10 mV/℃(以摄氏温度 0 ℃作为电压的零点),电流型的灵敏度多为 1 μA/K(以热力学温度 0 K 作为电流的零点);数字型集成温度传感器又可以分为开关输出型、并行输出型和串行输出型等几种不同的形式。

1. 模拟型集成温度传感器

(1)电流输出型温度传感器

电流输出型温度传感器能产生一个与绝对温度成正比的电流作为输出,AD590 是电流输

出型温度传感器的典型产品,图 11 - 3 为 AD590 封装示意图(第三脚
为空脚)。AD590 的基本应用电路如图 11 - 4 所示。其温度系数是
1 μA/K,在 25 ℃(298.2 K)时的额定输出电流为 298 μA。它的测温范
围为 -55～+150 ℃,在整个测温范围内的误差小于 0.5 ℃。它是一
种高输出电阻的电流源两端器件,特别适用于远距离测量和控制。

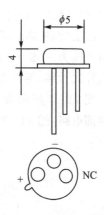

图 11 - 3　AD590 封装

　① AD590 的基本转换电路。AD590 是两线制器件,流过 AD590
的电流与热力学温度成正比。0 ℃时,AD590 的输出电流为 273 μA,
该电流由图 11 - 4(a)中的负载电阻 R_L 转换成电压。当电阻 R_L 为
1 kΩ 时,输出电压 U_0 随温度的变化为 1 mV/K。由于输出为电流信
号,所以其传输线即使长达 200 m,也不至于影响测量精度。AD590
在进行远距离测量时,要采用屏蔽线,以消除电磁干扰。

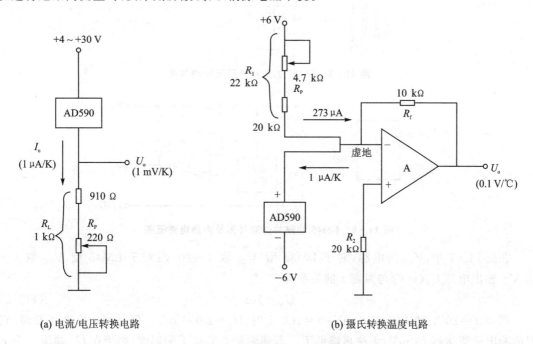

(a) 电流/电压转换电路　　　　　　　　(b) 摄氏转换温度电路

图 11 - 4　AD590 基本应用电路

　② 摄氏温度测量电路。若要达到与摄氏温度成正比的电压输出,可以用运算放大器的反
相加法电路来实现电流/电压转换,如图 11 - 4(b)所示。摄氏温度测量电路的目的是:在 0 ℃
时,电路的输出为零;高于 0 ℃时,电路的输出电压为正值;在低于 0 ℃时,电路的输出电压为
负值。

　测量电路的实现方案:电位器 R_P 用于调整零点,R_f 用于调整运放的增益。调整方法如
下:在 0 ℃时调整 R_P,使输出 $U_0 = 0$,然后在 100 ℃时调整 R_f 使 U_0 等于设计值(例如 1.00 V),
最后在室温下进行校验。在这个例子中,若室温为 25 ℃,则 U_0 应为 0.36 V,电路的灵敏度为
10 mV/℃。

　要使图 11 - 4(b)中的输出为 100 mV/℃,即 100 ℃时的 $U_0 = 10.0$ V,应在第一级放大器
之后再增加一级放大倍数为 10 的同相放大器。这是因为第一级放大倍数的调整会影响零点
的变化,使电路变得极不稳定,调节电位器应放到第二级放大器中。

（2）LM35/45 电压输出型集成温度传感器

LM35/45 是电压型集成温度传感器,其输出电压 U_o 与摄氏温度成正比,无须外部校正,测温范围为$-55\sim+155$ ℃,精确度可达 0.5 ℃。LM35 有金属封装和塑料封装两种,LM45 是贴片式封装,特性也略有不同。

图 11-5 所示为 LM35 的塑封外形及电路符号,图 11-6 所示为 LM45 的贴片封装外形及内部电路,图 11-7 所示为 LM35/45 构成的摄氏温度计电路。

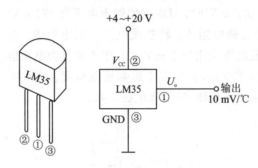

图 11-5 LM35 的塑封外形及电路符号

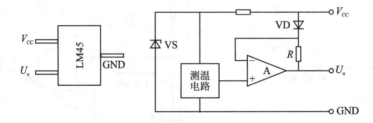

图 11-6 LM45 的贴片封装外形及内部电路框图

在图 11-7 中,V_{CC} 为电源,对于 LM35 型,V_{CC} 取 $4\sim20$ V;对于 LM45 型,V_{CC} 取 $4\sim10$ V。输出电压 U_o(mV)与温度 t 的关系为

$$U_o = 10t \tag{11-2}$$

例如,$t=25$ ℃时,$U_o=250$ mV;$t=100$ ℃时,$U_o=1\,000$ mV。但是当 t 接近 0 ℃时,它们的输出只能达到 25 mV,无法再降低了。若须测量 0 ℃以下的温度,则须在 U_o 端将一个下拉电阻接到$-V_{SS}$(例如-5 V)上,如图 11-7(b)中的 R_1 所示。这时若 $t=0$ ℃,可使 U_o 为 0 mV。

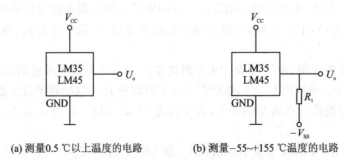

(a) 测量0.5 ℃以上温度的电路　　　　　　(b) 测量$-55\sim+155$ ℃温度的电路

图 11-7 LM35/45 构成的摄氏温度计电路

（3）集成温度传感器在笔记本电脑 CPU 散热保护电路中的应用

目前 PC 的整机功耗已达上百瓦,为了确保微机系统中的 CPU 能稳定工作,必须将机内产生的热量及时散发掉。为此,可采用集成温度传感器来检测 CPU 的温度,从而控制散热风扇的转速。当 CPU 温度超出设计上限（如 80 ℃ 或 100 ℃）时,可迅速关断 CPU 电源,对芯片起到保护作用。集成温度传感器在 CPU 中的安装如图 11 - 8 所示。

PC 内部装有多台散热用的无刷直流风扇,可利用多只集成温度传感器来检测 PC 中的 CPU、液晶板及锂电池的温度。根据温度高低,通过风扇控制芯片来调整散热风扇的转速。

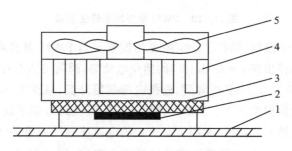

1—PC 印制电路板;2—贴片式集成温度传感器;

3—CPU;4—散热片;5—散热风扇

图 11 - 8 集成温度传感器用于 CPU 温度的检测

风扇控制电路和 PWM 法控制风扇的过程如图 11 - 9 和图 11 - 10 所示。当气温较低或 CPU 处于等待状态时,风扇转速控制芯片输出占空比较小的 PWM 信号。由于其平均值较低,无刷电动机得到的平均端电压也较低,转速变慢,可节省锂电池的能耗,降低噪声;反之,当 CPU 进行复杂运算时,PWM 变大（可等于 1）,风扇处于全速运行。

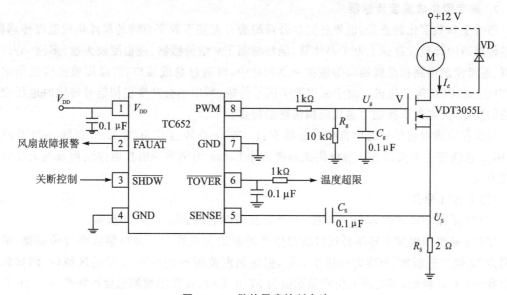

图 11 - 9 散热风扇控制电路

图 11 - 9 中的 0.1 μF 滤波电容,用于将 PWM 端给出的脉冲信号平滑为脉动稍小的栅极电压,从而减小风扇的振动噪声;它的第二个用途是对功率驱动管起保护作用。当 PWM ≠ 0

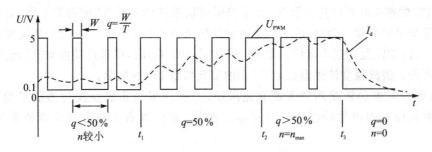

图 11 - 10　PWM 控制风扇转速示意

时,有电流流过风扇定子绕组,储存了一定的磁场能量。当 PWM 突然降到零时,驱动功率管 V 截止,定子绕组两端将出现 $e = L(\mathrm{d}i/\mathrm{d}t)$ 的感应电动势,瞬间可达上百伏,易将功率管击穿。在功率管的栅极对地并联 $0.1\ \mu\mathrm{F}$ 电容后,栅极电压缓慢降低,减少了 $\mathrm{d}i/\mathrm{d}t$,限制了反向电动势的升高,对功率管起到保护作用。当然,为稳妥起见,应在风扇定子绕组两端并联一只续流二极管,但须注意其极性不能接反,否则将有很大的电流流过功率管的 d,s 极,将其烧毁。R_S 是风扇脉动电流取样电阻,C_S 是隔直通交的脉冲耦合电容,用于测量风扇转速。当散热风扇电动机发生故障,例如插头开路,绕组断路时,源极电流 $I_\mathrm{d} = 0$,R_S 两端不产生脉冲压降,TC652 的 SENSE 端接收不到脉冲信号,TC652 将通过第 2 端($\overline{\mathrm{FAULT}}$)向 PC 发出风扇故障报警信号,停止系统工作。

当 PWM 小于 50% 时,功率管源极电流平均值较小(见图 11 - 10 中的虚线),风扇的转速较慢;随着 PWM 占空比 q 的增大,I_d 的平均值也逐渐增大,转速 n 上升。在 t_3 时刻,q 突然降为零,C_g 以负指数曲线放电,U_g 逐渐趋向于零,I_d 也缓慢减小,直至风扇停转。

2. 数字型集成温度传感器

随着全球数字化的进程,世界各知名公司纷纷开发基于数字总线的单片集成温度传感器,这些传感器内部包含高达上万个晶体管,能将测温 PN 结传感器、高精度放大器、多位 A/D 转换器、逻辑控制电路和总线接口等做在一块芯片中,可通过总线接口,将温度数据传送给诸如单片机、PC、PLC 等上位机。由于采用数字信号传输,所以不会产生模拟信号传输时电压衰减造成的误差,抗电磁干扰能力也比模拟传输强得多。

目前在集成温度传感器中常用的总线有:I - Wire 总线、I^2C 总线、USB 总线、SPI 总线和 SMBUS 总线等。下面以 SPI 总线集成温度芯片 LM74 为例来说明其内部结构及与上位机的连接方式。

(1) LM74 简介

LM74 采用贴片式的 SO-8 封装,其外形及内部电路如图 11 - 11 所示。

LM74 是美国国家半导体公司(NSC)生产的输出为三线串行接口集成温度传感器,输出数据为 12 位二进制数,分辨力可达 0.1 ℃,但在测温范围 $-10 \sim +65$ ℃ 的区域内,测量精确度只有 ± 1 ℃。例如,当它的上位机显示值为 37.0 ℃ 时,真实的被测温度可能是 $36 \sim 38$ ℃ 之间的温度值,误差较大,所以不能用于人的体温测量。但若被测温度变化 0.1 ℃ 时,它的示值还是能忠实反映出这一变化,从而使示值跳变为 37.1 ℃。由此可见,示值 37.1 ℃ 虽是不可信值,但变化量是真实的。

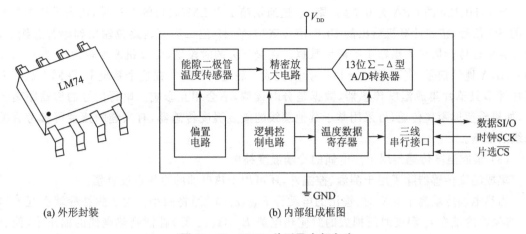

(a) 外形封装　　　　　　　　　　(b) 内部组成框图

图 11-11　LM74 外形及内部电路

(2) LM74 在温度巡回检测中的应用

在工业中,经常需要用计算机对几十、上百个对象进行温度检测,然后在计算机屏幕上列表显示多个测试点的温度值,每一点温度的上、下限均可由用户设定。当任一点温度超标时,计算机将发出报警信号,启动保护程序。上述数据庞大的测试点不可能同时予以检测,只能按设定的顺序逐一、快速地轮流检测一遍。只要每一点的测试时间足够短,巡回检测的同时性是可以接受的。例如,检测点共 128 点,每一点的测试时间为 10 ms,则可以在 1.3 s 的时间里完成所有测试点的巡回检测,对热惯性较大的对象,基本上可以认为这组数据是同一时刻测得的。基于以上概念的温度检测系统称为温度巡回检测系统。

利用 LM74 来检测 8 个烘箱温度的检测电路如图 11-12 所示。

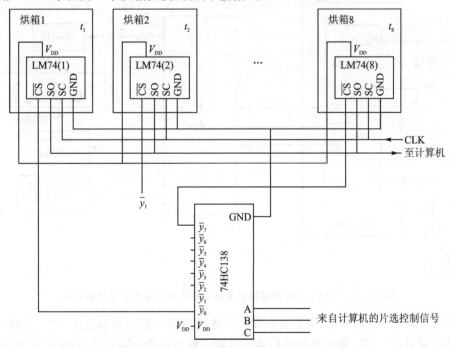

图 11-12　利用片选信号实现温度信号的巡回检测电路

当74HC138的CBA为000时,则$\overline{y}_0$选通烘箱1中LM74(1)的$\overline{CS}_1$端,代表烘箱1温度t_1的SO信号,按照计算机给出的CLK信号节拍,将12位二进制码逐位输出到串行总线上,由计算机逐位读取代表烘箱1的温度数据。在接下去的时段里,计算机改变输送给74HC138的C,B,A地址信号,直至CBA=111为止,完成一轮巡回检测。在这个系统中,在同一总线上可挂接多只单片集成温度传感器,数据是分时读取,不会相互影响。串行信号的传输距离较短,如果希望远距离传送,可采用基于其他总线的集成温度传感器,有兴趣的读者可参考有关总线的书籍。

(3)集成温度传感器用于热电偶的冷端温度补偿

集成温度传感器除了用于测温、控温外,还可用于热电偶的冷端温度补偿。

当热电偶冷端高于0℃时,输出的电动势$E_{AB}(t_x,0\ ℃)$将减小。为了弥补冷端引起的损失,必须将冷端在t_0温度时所损失的对应热电势$E_{AB}(t_0,0\ ℃)$补偿到热电偶的输出中,使总的热电势达到$E_{AB}(t_x,0\ ℃)$,然后才能查热电偶的分度表,从而得到正确的被测温度t_x。

冷端补偿的公式为$E_{AB}(t_x,0\ ℃)=E_{AB}(t_x,t_0)+E_{AB}(t_0,0\ ℃)$,根据这一公式,许多厂家设计制造了集成冷端补偿芯片。下面简单介绍美国迈信公司生产的MAX6675K型热电偶冷端补偿芯片及其应用。

MAX6675是美国迈信公司(MAXIM)生产的基于三线制($\overline{CS}$,SCK,SO)的SPI总线,专门用于对工业中最常用的镍铬-镍硅K型热电偶进行温度补偿的芯片。它还能将补偿后的热电势转换为代表温度的数字脉冲,从SPI串行接口输出补偿后结果。MAX6675工作时必须与热电偶冷端或补偿导线处于相同的温度场中,冷端温度t_0必须高于0℃,低于125℃。在此范围内,它将产生41.6 μV/℃的补偿电压,超过此范围,将引起较大的误差。MAX6675与单片机及译码驱动显示电路如图11-13所示。

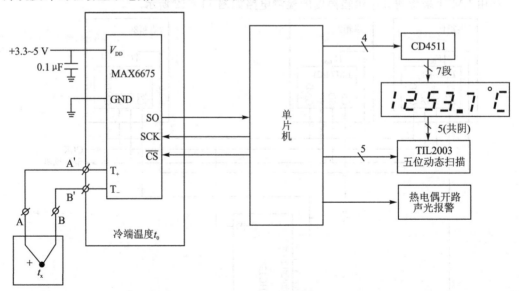

图11-13 MAX6675构成的热电偶冷端补偿及测量显示电路框图

单片机接收到SO信号后,还必须查片内存储器中的K热电偶分度表,进行非线性修正;当热电偶开路时,T_+,T_-端无法构成回路,SO端将输出报警标志位信号,由单片机的输出口驱动声光报警器。图11-14是SPI总线串行信号的时序图。

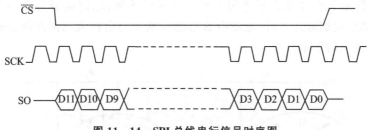

图 11 - 14　SPI 总线串行信号时序图

当 $\overline{CS}$ 为低电平时,MAX6675 的 SO 端输出一串 12 位与时钟信号(SCK)同步的二进制码,由单片机的 RXT 脚读取串行信号,传输速率(波特率)由单片机的 DXT 脚给出。

11.2　磁敏传感器

磁敏传感器,顾名思义就是能感知磁性物体的存在,或者在有效范围内感知物体的磁场强度变化的传感器。磁敏传感器包括磁敏电阻、磁敏二极管和磁敏三极管,它们的灵敏度比霍耳传感器高,主要应用于微弱磁场的测量。

11.2.1　磁敏电阻

1. 磁阻效应及磁敏电阻

半导体材料的电阻率随磁场强度的增强而变大,这种现象称为磁阻效应,利用磁阻效应制成的元件称为磁敏电阻。磁场引起磁敏电阻增加有两个原因:一是材料的电阻率随磁场强度增强而变大;二是磁场使电流在器件内部的几何分布发生变化,从而使物体的等效电阻增大。目前实用的磁阻元件主要是利用后者的原理制作的。

磁阻元件与霍耳元件的区别在于:前者是以电阻的变化来反映磁场的大小,但无法反映磁场的方向;后者是以电动势的变化来反映磁场的大小和方向。

常用的磁敏电阻由锑化铟薄片组成,如图 11 - 15 所示。在图 11 - 15(a)中,未加磁场时,输入电流从 a 端流向 b 端,内部的电子 e 从 b 电极流向 a 电极,这时电阻值较小;在图 11 - 15(b)中,当磁场垂直施加到锑化铟薄片上时,载流子(电子)受到洛仑兹力 f_L 的影响,而向侧面偏移,电子所经过的路程比未受磁场影响时的路程长,从外电路来看,表现为电阻值增大。

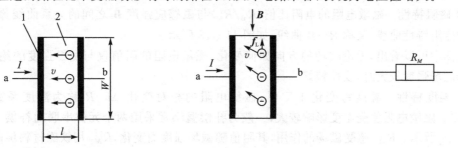

(a) 未受磁场影响时的电流分布　　　(b) 受洛仑兹力时的电流分布　　　(c) 图形符号

1—电极;2—InSb 薄片

图 11 - 15　磁阻效应示意

图 11 - 16 所示为圆盘型磁敏电阻示意。未加磁场时,电流成辐射状,电阻最小。当磁场 B 垂直施加到锑化铟圆片上时,电流沿 S 形路经从中心电极流向圆环外电极,两电极间的电阻 R_B 比未加磁场时的电阻 R_0 大。

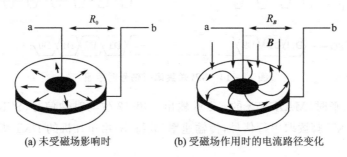

(a) 未受磁场影响时　　　　　(b) 受磁场作用时的电流路径变化

图 11 - 16　圆盘形磁敏电阻

为了提高灵敏度,必须提高图 11 - 15(a)中 W/l 的比例,使电流偏移引起的电阻变化量增大。为此,可采用图 11 - 17(a)所示的结构形式。在锑化铟半导体薄片上通过光刻的方法形成栅状的铟短路条,短路条之间等效为一个 W/l 值很大的电阻,在输入、输出电极之间形成多个磁敏电阻的串联,既增加了磁阻元件的零磁场电阻率,又提高了灵敏度。

另外,还可以在锑化铟中渗入少量镍元素:形成电阻率较小的针状锑化镍析出,控制针状锑化镍的析出方向,使之与电流方向垂直,相当于在 InSb 薄片上制作了许许多多的短路条,大大提高了磁灵敏度,如图 11 - 17(b)所示。

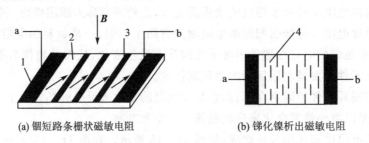

(a) 铟短路条栅状磁敏电阻　　　　　(b) 锑化镍析出磁敏电阻

1—电极;2—InSb 薄膜;3—In 短路条;4—NiSb 析出

图 11 - 17　栅状磁敏电阻

2. 磁敏电阻的参数和特性

① 磁阻特性。磁敏电阻的电阻比值(R_B/R_0)与磁感应强度 B 之间的关系曲线称为磁敏电阻的磁阻特性曲线,又称 $R-B$ 曲线,如图 11 - 18 所示。

从图中可以看出,无论磁场的方向如何变化,磁敏电阻的阻值仅与磁场强度的绝对值有关。当磁场强度较大时,线性较好。

② 温度特性。温度每变化 1 ℃时,磁敏电阻的相对变化 $\Delta R/R$ 称为温度系数,单位为%/℃。磁敏电阻值受温度影响较大,一般为补偿温漂常采用两个元件串联的补偿电路,如图 11 - 19 所示。R_{M1} 感受磁场的作用,其阻值随磁场强度而变化,R_{M2} 用铁磁材料屏蔽,输出电压 U_0 为

$$U_0 = \frac{R_{M1}}{R_{M1}+R_{M2}}U_i \qquad (11-3)$$

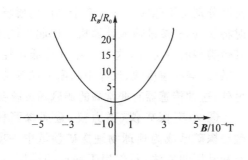

图 11 – 18　InSb 磁敏电阻的 R – B 曲线

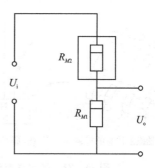

图 11 – 19　温度补偿电路

由于 R_{M1}，R_{M2} 的制造工艺严格相同，所以在 $B=0$ 时，$U_0=\frac{1}{2}U_i$；当 $B>0$ 时，R_{M2} 不变，R_{M1} 变大，则 $U_0>\frac{1}{2}U_i$。

当温度上升时，R_{M1} 和 R_{M2} 按相同的温度系数趋势变化，图 11 – 9 所示 U_0 保持不变，克服了温漂。

3. 磁敏电阻的应用

① 智能交通系统(ITS)的汽车信息采集。现代交通管理要求对车辆的车型、流量和车速等数据进行采集，以便对交通信号灯、流通过道等进行智能控制。采用基于地磁传感器的数据采集系统可用于检测车辆的存在和车型的识别。利用车辆通过道路时对地球磁场的影响来完成车辆检测的数据采集系统具有常规线圈检测器所不具备的优点。传统的交通数据采集是在路面上铺设电涡流感应线圈，这种方法存在埋置线圈的切缝使路面受损、线圈易断、易受腐蚀等缺点。

磁阻传感器利用磁阻效应，将三维方向(x,y,z) 的 3 个磁敏传感器件集成在同一个芯片上，而且将传感器与调节、补偿电路一体化集成，可以很好地感测到低于 1 Gs 的地球磁场。磁阻传感器技术提供了一种高灵敏度的车辆检测的方法。例如可将它安装在公路上或是通道的上方，当含有铁性物质的汽车驶过时，会干扰地磁场的分布状况，如图 11 – 20 所示。

根据铁磁物体对地磁的扰动，可检测车辆的存在，也可以根据不同车辆对地磁产生的不同扰动来识别车辆类型。其灵敏度可以达到 1 mV/Gs，在 15 m 之外或更远的地方检测到有无汽车通过。典型的应用包括自动开门、路况监测、停车场检测、车辆位置监测和红绿灯控制等。

在高速公路现场还可预先采集各种车型的特征向量，并将此特征向量作为标准特征向量存储到数据库中。当有汽车通过时，数据采集系统就

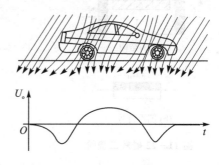

图 11 – 20　汽车干扰地磁场的分布

会提取到该汽车的特征向量，将此识别特征向量跟样本数据库中的所有标准特征向量作比较，最后得到判断结果，如车型、车速等参数。

② 数字高斯计。图 11 – 21 所示为一种 8 脚 SOIC 封装的单轴磁阻传感器，其感测磁场的范围是 ±6 Gs，分辨力为 85 μGs，灵敏度为 1 mV/Gs，图 11 – 21(b)所示为磁场探测示意。

霍尼韦尔的三轴智能数字高斯计可以探测空间磁场的强度和方向，3 个独立的磁敏电阻

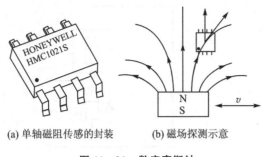

(a) 单轴磁阻传感的封装   (b) 磁场探测示意

图 11 - 21　数字高斯计

桥路分别用于感应 x,y,z 3 个轴向的磁场,同时将 x,y,z 参量输入计算机。比起机械式和其他类型的磁力计,这种产品有着低功耗、高灵敏度、响应速度快、尺寸小和耐振动等特点,另外,这种传感器有非常高的弱磁场灵敏度。

③ 小型探矿仪(磁力仪、金属探测仪)。磁法探矿已成为地球物理探矿领域中一项重要和常用的方法,不仅用于铁矿的勘探,而且还用于与铁矿相伴生的其他矿物的勘探。前者称为磁法直接探矿,如磁铁矿、磁赤铁矿、钒钛磁铁矿和金铜磁铁矿等的勘探;后者称为磁法间接探矿,如含镍、铬、钴等金属矿床三类的普查和勘探。

11.2.2　磁敏二极管

1. 磁敏二极管结构和工作原理

磁敏二极管与整流二极管结构有较大的不同,磁敏二极管是 PIN 型的,它的 P 区和 N 区均由高阻硅材料制成,在 P,N 之间有一个较长的本征区 I,本征区 I 的一面磨成光滑的复合表面(称为 I 区),另一面打毛,变成高复合区(称为 r 区),电子—空穴对易于在粗糙表面复合而消失。磁敏二极管的结构和符号如图 11 - 22 所示,磁敏二极管的工作原理如图 11 - 23 所示。

当磁敏二极管未受到外界磁场作用,且外加如图 11 - 23(a)所示的正偏压时,则有大量的空穴从 P 区通过 I 区进入 N 区,同时也有大量电子注入 P 区而形成电流。只有一部分电子和空穴在 I 区复合掉。

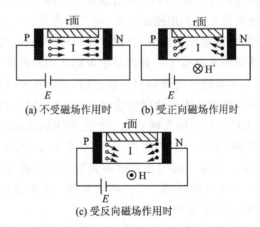

(a) 不受磁场作用时   (b) 受正向磁场作用时

(c) 受反向磁场作用时

图 11 - 23　磁敏二极管工作原理

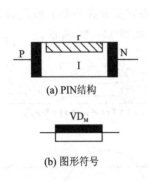

(a) PIN结构

(b) 图形符号

图 11 - 22 磁敏二极管

当磁敏二极管受到如图 11 - 23(b)所示的外界磁场 H^+(正向磁场)作用时,电子和空穴受到洛仑兹力的作用而向 r 区偏转。由于 r 区的电子和空穴复合速度比光滑面 I 区快,所以,内部参与导电的载流子数目减少,因此,外电路电流减小。磁场强度越强,电子和空穴受到洛仑兹力就越大,单位时间内进入 r 区而复合的电子和空穴数量就越多,外电路的电流就越小。

当磁敏二极管受到如图 11 - 23(c)所示的外界磁场片 H^-(反向磁场)作用时,则电子和空穴受到洛仑兹力作用而向 I 区偏移,则外电路的电流比不受外界磁场作用时大。

利用磁敏二极管的正向导通电流随磁场强度的变化而变化的特性,即可实现磁电转换。

2. 磁敏二极管的主要特性

(1) 磁电特性

在给定条件下,磁敏二极管输出的电压变化 ΔU 与外加磁场的关系称为磁敏二极管的磁电特性。磁敏二极管通常有单个和互补两种使用方式,它们的磁电特性如图 11－24 和图 11－25 所示。由图可知,单只使用时,正向磁灵敏度大于反向;互补使用时,正、反向磁灵敏度曲线对称,且在弱磁场下有较好的线性。

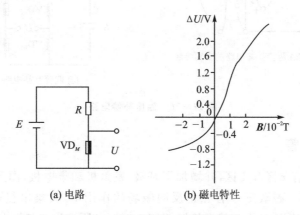

(a) 电路　　　　　　(b) 磁电特性

图 11－24　单个使用时的磁电特性

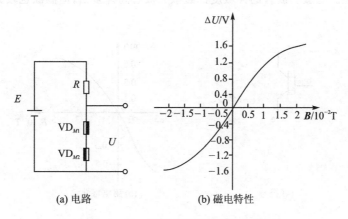

(a) 电路　　　　　　(b) 磁电特性

图 11－25　互补使用时的磁电特性

(2) 温度特性

一般情况下,磁敏二极管受温度影响较大,即在一定测试条件下,磁敏二极管的输出电压变化量 ΔU 随温度变化较大。因此,在实际使用时,必须对其进行温度补偿。图 11－26 所示为温度补偿电路。

选用两只性能相近的磁敏二极管,按相反磁极性组合,即将它们的磁敏面相对或相背放置并且串接在电路中,无论温度如何变化,其分压比总能保持不变,输出电压 U_m 不随温度变化,这样就达到了温度补偿的目的。不仅如此,互补电路还能成倍提高磁灵敏度。

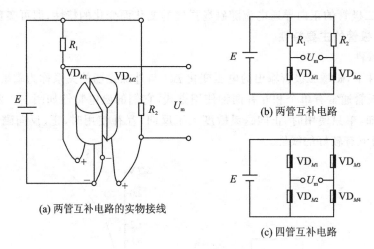

(a) 两管互补电路的实物接线

(b) 两管互补电路

(c) 四管互补电路

图 11 - 26   温度补偿电路

11.2.3   磁敏三极管

　　磁敏三极管也具有 r 区和 I 区,并增加了基极、发射极和集电极,图形符号和磁电特性如图 11 - 27(a)、(b)所示。磁敏三极管在正反向磁场的作用下,其集电极电流出现明显变化。图 11 - 27(c) 所示为在零磁场下的伏安特性;图 11 - 27(d)所示为在基极电流不变,在不同磁场强度下的伏安特性。磁敏三极管的灵敏度比磁敏二极管高许多倍,但温漂也较大,需更注意温度补偿。

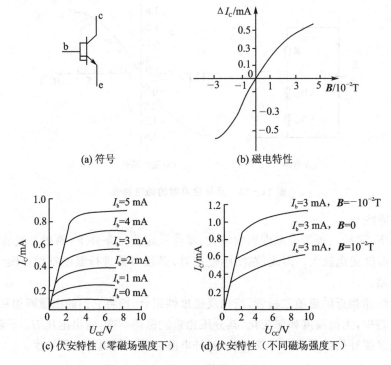

(a) 符号

(b) 磁电特性

(c) 伏安特性（零磁场强度下）

(d) 伏安特性（不同磁场强度下）

图 11 - 27   磁敏三极管图形符号及特性

11.2.4　磁敏式传感器的应用

1. 磁敏二极管漏磁探伤仪

磁敏二极管漏磁探伤仪是利用磁敏二极管可以检测微弱磁场变化的特性而设计的,原理如图 11-28 所示。

漏磁探伤仪由激励线圈、铁芯、放大器和磁敏二极管探头等部分构成。将待测物"1"(如钢棒)置于铁芯之下,并使之连续转动,当激励线圈激磁后,钢棒被磁化。若钢棒无损伤,则铁芯和钢棒构成闭合磁路,此时无磁通泄漏,磁敏二极管探头没有信号输出;若钢棒上有裂纹,则裂纹部位旋转至铁芯下时,裂纹处的泄漏磁通作用于探头,探头将泄漏磁通量转换成电压信号,经放大器放大输出,根据指示仪表的示值可以得知待测铁棒中的缺陷。

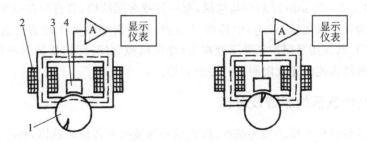

1—工件；2—激励线圈；3—铁芯；4—磁敏二极管探头

图 11-28　磁敏二极管漏磁探伤仪原理

2. 锑化铟(InSb)磁阻传感器在笔式验钞机中的应用

笔式验钞机外观及工作原理如图 11-29 所示。

当验钞笔顺着纸币上的磁性防伪线扫描时,小型磁铁的磁力线穿过两个磁敏电阻与磁性油墨构成磁回路,因为磁性油墨呈断续分布,所以磁敏电阻的电阻值也随之变化,如图 11-29(c)所示。经 R_{M1} 和 R_{M2} 组成的桥路转换成电压输出,该电压与内部的设定值进行比较,从而判别纸币的真伪,当伪币上的磁性油墨与真币不符时,验钞笔发出报警。另外,验钞笔上还附带有紫外线发射管,进一步判别纸币的真伪。

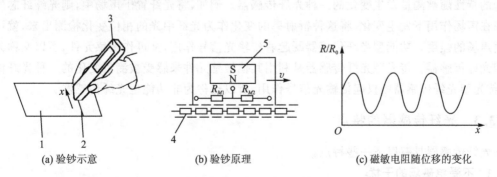

(a) 验钞示意　　　　(b) 验钞原理　　　　(c) 磁敏电阻随位移的变化

1—纸币；2—防伪线；3—笔形验钞机；4—防伪线中的磁性油墨；5—小型磁铁

图 11-29　笔式磁性油墨鉴伪验钞机

11.3　光纤传感器

光纤传感器是近年来异军突起的一项新技术。光纤传感器具有一系列传统传感器无可比拟的优点，如灵敏度高、响应速度快、抗电磁干扰、耐腐蚀、电绝缘性好、防燃防爆、适于远距离传输、便于与计算机连接以及与光纤传输系统组成遥测网等。目前已研制出测量位移、速度、压力、液位、流量和温度等各种物理量的光纤传感器。

11.3.1　光纤的结构

光纤一般为圆柱形结构，由纤芯、包层和保护层组成。纤芯由石英玻璃或塑料拉成，位于光纤中心，直径为 $5\sim75~\mu m$；纤芯外是包层，有一层或多层结构，总直径在 $100\sim200~\mu m$ 左右，包层材料一般为纯二氧化硅（SiO_2）中掺微量杂质，其折射率略低于纤芯折射率；包层外面涂有涂料（保护层），其作用是保护光纤不受损害，增强机械强度，保护层折射率远远大于包层材料折射率。这种结构能将光波限制在纤芯中传输。

11.3.2　光纤传感器的原理及分类

光纤传感器是以光学量转换为基础，以光信号为变换和传输的载体，利用光导纤维输送光信号的一种传感器。光纤传感器主要由光源、光导纤维（简称光纤）、光检测器和附加装置等组成。光源种类很多，常用光源有钨丝灯、激光器和发光二极管等。光纤很细、较柔软、可弯曲，是一种透明的能导光的纤维。光纤之所以能进行光信息的传输，是因为利用了光学上的全反射原理，即入射角大于全反射的临界角的光都能在纤芯和包层的界面上发生全反射，反射光仍以同样的角度向对面的界面入射，这样光将在光纤的界面之间反复地发生全反射而进行传输。附加装置主要是一些机械部件，它随被测参数的种类和测量方法而变化。

光纤传感器结构
原理及分类

按光纤的作用，光纤传感器可分为功能型和传光型两种。功能型光纤传感器是利用光纤本身的特性随被测量发生变化的一种光纤传感器。例如，将光纤置于声场中，则光纤纤芯的折射率在声场作用下发生变化，将这种折射率的变化作为光纤中光的相位变化检测出来，就可以知道声场的强度。功能型光纤传感器既起着传输光信号作用，又可作敏感元件，所以又称为传感型光纤传感器。传光型光纤传感器是利用其他敏感元件来感受被测量变化的一种光纤传感器，传光型光纤传感器则仅起传输光信号作用，所以也称为非功能型光纤传感器。

11.3.3　光纤传感器的特点

光纤传感器具有以下一些特点：

1. 不受电磁场的干扰

当光信息在光纤中传输时，它不会与电磁场发生作用，因而，信息在传输过程中抗电磁干扰能力很强，特别适合于电力系统。

2. 绝缘性能高

光纤是不导电的非金属材料，其外层的涂覆材料硅胶也不导电，因而光纤绝缘性能高，很方便测量高压带电设备的各种参数。

3. 防爆性能好,耐腐蚀

由于在光纤内部传输的是能量很小的光信息,不会产生火花、高温、漏电等不安全因素,因此,光纤传感器的安全性能好。光纤传感器适合于有强腐蚀性对象的参数测量。

4. 导光性能好

对传输距离较短的光纤传感器来说,其传输损耗可忽略不计,利用这一特性制成了锅炉火焰监测器监视火焰的状态。

5. 光纤细而柔软

可制成非常小巧的光纤传感器用于测量特殊对象及场合的参数。

11.3.4　光纤传感器的应用举例

光纤传感器应用的场合很多,工作原理也各不相同,但都离不开光的调制和解调两个环节。光调制就是把某一被测信息加载到传输光波上,这种承载了被测量信息的调制光再经光探测系统解调,便可获得所需检测的信息。原则上说,只要能找到一种途径,把被测信息叠加到光波上并能解调出来,就构成了光纤传感器的一种应用。常用的光调制有强度调制、相位调制、频率调制及偏振调制等几种。下面以光纤压力传感器为例简要说明光纤传感器的应用。

光纤传感器中光强度调制的基本原理可简述为以被测对象所引起的光强度变化来实现对被测对象的检测。

图 11-30 所示为一种按光强度调制原理制成的光纤压力传感器结构。这种压力传感器的工作原理如下:

① 被测力作用于膜片,膜片感受到被测力而向内弯曲,使光纤与膜片间的气隙减小,棱镜与光吸收层之间的气隙发生改变。

② 气隙发生改变引起棱镜界面上全内反射的局部破坏,造成一部分光离开棱镜的上界面,进入吸收层并被吸收,致使反射回接收光纤的光强减小。

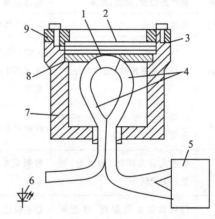

1—膜片;2—光吸收层;3—垫圈;
4—光纤;5—桥式光接收线路;6—发光二极管;
7—壳体;8—棱镜;9—上盖

图 11-30　光纤压力传感器结构

③ 接收光纤内反射光强度的改变可由桥式光接收器检测出来。

④ 桥式光接收器输出信号的大小只与光纤和膜片间的距离和膜片的形状有关。

光纤压力传感器的响应频率相当高,如厚宽为 0.65 mm 的不锈钢膜片,其固有频率可达 128 kHz。因此在动态压力测量中也是比较理想的传感器。

光纤压力传感器在工业中具有广泛的应用前景。它与其他类型的压力传感器相比,除具有抗电磁干扰、响应速度快、尺寸小、质量轻及耐热性好等优点外,还特别适合在有防爆要求的场合使用。

11.4 传感器在机器人中的应用

机器人(Robot)是由计算机控制的机器,它的动作机构具有类似人的肢体及感官的功能;动作程序灵活易变;有一定程度的智能;在一定程度上,工作时可以不依赖人的操纵。机器人传感器在机器人的控制中起了非常重要的作用,正因为有了传感器,机器人才具备了类似人类的知觉功能。

11.4.1 机器人传感器的分类

表 11-1 所列为机器人传感器的分类及应用。

表 11-1 机器人传感器分类

类 别	检测内容	应用目的	传感器件
明暗觉	是否有光,亮度是多少	判断有无对象,并得到定量结果	光敏管、光电断续器
色 觉	对象的色彩及浓度	利用颜色识别对象的场合	彩色摄影机、滤色器、彩色 CCD
位置觉	物体的位置、角度、距离	物体空间位置,判断物体移动	光敏阵列、CCD 等
形状觉	物体的外形	提取物体轮廓及固有特征,识别物体	光敏阵列、CCD 等
接触觉	与对象是否接触,接触的位置	决定对象位置,识别对象形态,控制对象速度,保障安全,发生异常时停止对象,寻径	光电传感器、微动开关、薄膜接点、压敏高分子材料
压 觉	对物体的压力、握力、压力分布	控制握力,识别握持物,测量物体弹性	压电元件、导电橡胶、压敏高分子材料
力 觉	机器人有关部件(如手指)所受外力及转矩	控制手腕移动,伺服控制,正确完成作业	应变片、导电橡胶
接近觉	与对象物是否接近,接近距离,对象面的倾斜	控制位置,寻径,保障安全,发生异常时停止对象	光传感器、气压传感器、超声波传感器、电涡流传感器、霍耳传感器
滑 觉	垂直于握持面方向物体的位移,旋转重力引起的变形	修正握力,防止打滑,判断物体质量及表面状态	球形接点式传感器、光电式旋转传感器、角编码器、振动检测器

从表中可以看出,机器人传感器与人类感觉有相似之处,因此可以认为机器人传感器是对人类感觉的模仿。需要说明的是,并不是表中所列的传感器都用在一个机器人身上,有的机器人只用到其中一种或几种,如有的机器人突出视觉,有的机器人突出触觉等。机器人传感器可分为内部参数检测传感器和外部参数检测传感器两大类。

1. 内部参数检测传感器

内部参数检测传感器是以机器人本身的坐标来确定其位置。通过内部参数检测传感器,机器人可以了解自己工作状态,调整和控制自己按照一定的位置、速度、加速度和轨迹进行工作。图 11-31 所示为一种工业机器人的外观。

在图 11-31 中,回转立柱对应于关节"1"的回转角度,摆动手臂对应关节"2"的俯仰角度,手腕对应关节"4"的上下摆动角度,手腕又对应关节"5"的横滚(回绕手爪中心旋转)角度,伸缩

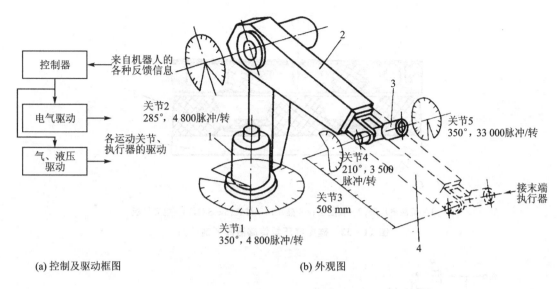

(a) 控制及驱动框图　　　　　　　　　　(b) 外观图

1—回转立柱；2—摆动手臂；3—手腕；4—伸缩手臂

图 11-31　球坐标工业机器人

手臂对应关节"3"的伸缩长度等均由位置检测传感器检测出来，并反馈给计算机，计算机通过复杂的坐标计算，输出位置定位指令，结果经电气驱动或气液驱动，使机器人的末端执行器——手爪最终能正确地落在指令所规定的空间点上。例如，手爪夹持的是焊枪，则机器人就成为焊接机器人，在汽车制造厂中，这种焊接机器人广泛用于车身框架的焊接；如手爪本身就是一个夹持器，则成为搬运机器人。机器人中常用角编码器作为位置检测传感器等。

2. 外部检测传感器

外部检测传感器的功能是让机器人能识别工作环境，很好地执行如取物、检查产品质量、控制操作动作等，使机器人对环境有自校正和适应能力。外部检测传感器通常包括触觉、接近觉、视觉、听觉、嗅觉和味觉等传感器。例如在图 11-31 中，在手爪中安装上触觉传感器后，手爪就能感知被抓物的质量，从而改变夹持力；在移动机器人中，通过接近传感器可以使机器人在移动时绕开障碍物等。

11.4.2　触觉传感器

机器人触觉可分为压觉、力觉、滑觉和接触觉等几种。

1. 压觉传感器

压觉传感器位于手指握持面上，用来检测机器人手指握持面上承受的压力大小和分布。图 11-32 所示为硅电容压觉传感器阵列结构。

硅电容压觉传感器阵列由若干个电容器均匀地排列成一个简单的电容器阵列，该传感器的转换电路和波形如图 11-33 所示。图中，C_X 为传感器电容，C_R 为基准电容，C_f 为反馈电容。电路以交流调制电源供电，电源峰值为 U_D，图 11-33(b)中的驱动时钟 ϕ_1，ϕ_2 是相位差 180° 的脉冲调制信号。

当手指握持物体时，传感器受到外力的作用，作用力通过表皮层和垫片层传到电容极板上，从而引起电容 C_X 的变化，其变化量随作用力的大小而变，转换电路输出电压为

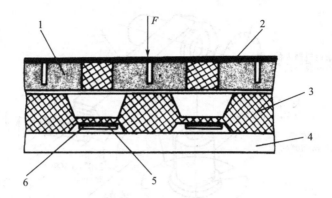

1—柔性垫片层;2—表皮层;3—硅片;4—衬底;5—SiO₂;6—电容极板

图 11-32 硅电容压觉传感器阵列剖面图

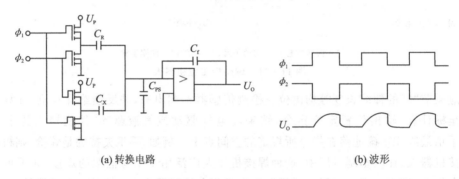

(a) 转换电路   (b) 波形

图 11-33 转换电路及波形

$$U_o = U_P[(C_X - C_R)/C_f] \tag{11-4}$$

该电压反馈给计算机,经与标准值比较后输出指令给执行机构,使手指保持适当握紧力。

2. 力觉传感器

力觉传感器用于感知机器人的肢、腕和关节等部位在工作和运动中所受力和力矩的大小及方向,相应的有关节力传感器、腕力传感器和支座传感器等。力觉传感器主要有应变片、压电传感器和电容式传感器等,其中以应变片的应用最为广泛。图 11-34 为挠性十字梁式腕力传感器结构示意图。

该传感器的弹性元件用铝材制造,加工成十字框架,中心圆孔用于固定后手腕关节,4 个悬臂梁的外端固定在圆形前手腕关节的方形内侧孔中。这样,当前手腕关节与后手腕关节之间传递力矩时,十字梁就会产生变形。应变片贴于十字梁上,每根梁的上下左右侧面各贴一片应变片,相对面上的两片应变片构成一组半桥,通过测量每一个半桥的输出,即可检测该方向的力矩参数。整个手腕通过应变片可测量出 8 个参数,利用这些参数,可以计算出手腕 x, y, z 3 个方向的力 F_x, F_y, F_z 和力矩 T_x, T_y, T_z。

3. 滑觉传感器

机器人的手爪要抓住属性未知的物体,必须对物体作用最佳大小的握持力,以保证既能握住物体不产生滑动,而又不使被抓物滑落,还不至于因用力过大而使物体产生变形而损坏。在手爪间安装滑觉传感器就能检测出手爪与物体接触面之间相对运动(滑动)的大小和方向,图 11-35 所示为光电式滑觉传感器的手爪及构造。

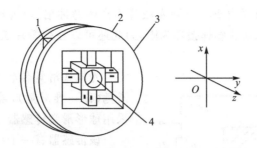

1—前手腕关节;2—十字框架;3—应变片;4—后手腕关节连接孔

图 11 - 34　挠性十字梁式腕力传感器结构示意图

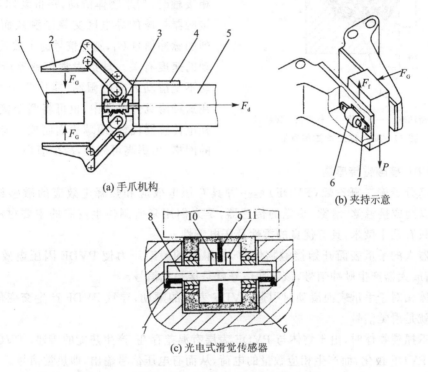

(a) 手爪机构

(b) 夹持示意

(c) 光电式滑觉传感器

1—被抓物;2—手抓;3—齿轮—齿条;4—手腕;5—驱动杆;6—滚筒;
7—平直弹簧片;8—定轴;9—码盘;10—发光二极管;11—光敏管

图 11 - 35　光电式滑觉传感器的手爪及构造

图 11 - 35(a)所示是众多手爪类型中的一种。当驱动杆向后移动时,和驱动杆相连的齿条带动齿轮转动,齿轮通过连杆机构使手爪向中心收缩从而夹持住物体,夹持力的大小 F_G 由驱动杆的拉力 F_d 决定。

在图 11 - 35(b)中,手爪产生的抓握力 F_G 可产生足够的摩擦力 F_f,以阻止物体由于重力 P 的作用而下落。在手爪上开有一窗口,安装有光电式滑觉传感器,传感器的定轴通过弹簧片固定在手爪上,由图 11 - 35(c)可知,滚筒通过轴承绕定轴滚动,在手爪张开的状态下,滚筒突出手爪表面 1 mm。在定轴上安装有一对发光管和光敏管,滚筒上有一片带狭缝的圆板。当 $F_f < P$ 时,手爪和物体之间产生滑动,于是滚筒带动狭缝圆板转动,光敏管接收到通断交替的光束,输出与滑动相对应的滑动位移信号(脉冲信号),该信号反馈给控制器后输出指令,使驱

动杆进一步后移以增加抓握力 F_G,直到光敏管不产生脉冲信号,滑动停止,驱动杆才停止后移。抓握力的增大必须以防止物体损坏为限,为此还可以在弹簧片表面安装应变片以检测抓握力的大小。

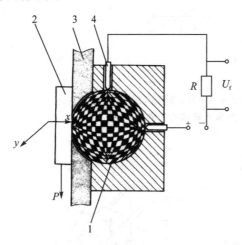

1—滑动球;2—被抓物;3—软衬;4—接触器

图 11-36   球形滑觉传感器

光电式滑觉传感器只能感知一个方向的滑觉(称一维滑觉),若要感知二维滑觉,则可采用球形滑觉传感器,如图 11-36 所示。

该传感器有一个可自由滚动的球,球的表面是用导体和绝缘体按一定规格布置的网格,在球表面安装有接触器。当球与被握持物体相接触时,如果物体滑动,将带动球随之滚动,接触器与球的导电区交替接触从而发出一系列的脉冲信号 U_f,脉冲信号的个数及频率与滑动的速度有关。球形滑觉传感器所测量的滑动不受滑动方向的限制,能检测全方位滑动。在这种滑觉传感器中,也可将两个接触器改用光电传感器代替,滚球表面制成反光和不反光的网格,可提高可靠性,减少磨损。

4. PVDF 接触觉传感器

有机高分子聚二氟乙烯(PVDF)是一种具有压电效应和热释电效应的敏感材料,利用PVDF 可以制成接触觉、滑觉、热觉的传感器,是人们用来研制仿生皮肤的主要材料。PVDF薄膜厚度只有几十微米,具有优良的柔性及压电特性。

当机器人的手爪表面开始接触物体时,接触时的瞬时压力使 PVDF 因压电效应产生电荷,经电荷放大器产生脉冲信号,该脉冲信号就是接触觉信号。

当物体相对于手爪表面滑动时引起 PVDF 表层的颤动,导致 PVDF 产生交变信号,这个交变信号就是滑觉信号。

当手爪抓住物体时,由于物体与 PVDF 表层有温差存在,产生热能的传递,PVDF 的热释电效应使 PVDF 极化,而产生相应数量的电荷,从而有电压信号输出,即热觉信号。

习 题

1. 何为集成温度传感器?简述集成温度传感器的特点。
2. 集成温度传感器分为哪些类型?
3. 举出 3 种磁敏传感器。试说明磁敏传感器与霍耳元件的区别。
4. 什么是磁敏二极管的温度特性?为什么在实际应用中要对其进行温度补偿?
5. 光纤传感器可分为哪几类,有哪些特点?
6. 机器人传感器有哪些?试说明硅电容压觉传感器的工作原理。

第 12 章　智能传感器和网络传感器

智能传感器是一种带有微处理器的兼有检测、判断与信息处理功能的传感器。与传统传感器相比,智能传感器具有高精度、宽量程、多功能、高可靠性和高稳定性、自适应能力强、高信噪比、微功耗、高性价比等优点。

目前,智能传感器在军用电子系统、家用电器、远程智能监控系统及机器人研究中广泛应用。智能传感器将朝着微型化、虚拟化和信息融合技术等方向发展,且具有广阔的应用前景。

随着互联网和物联网的迅猛发展,网络传感器的应用领域也日益广阔,它能应用于军事、工业自动化、精准农业、天气预报、医疗卫生、安保监控、智能交通、航空航天等领域。从谷歌眼镜到用途各异的手环,各种电子穿戴产品把竞争主战场转移到人的身体上。穿戴产品的核心是大范围收集个体用户数据,随着云计算和大数据的日趋成熟,这种数据被集中处理形成对用户个体的评估,如健康状况,进而形成健康咨询、保健建议等衍生服务。要达到上述功能和要求,数据采集、发送和传输是整个系统中的重要环节,即需要网络传感器将各种信号实时送到处理系统,使现场测控信号就近登上网络,实时发布。

12.1　智能传感器

12.1.1　智能传感器的结构

智能传感器是由传统传感器和微处理器单元两部分构成的,它可以是将传感器与微处理器集成在一个芯片上构成的单片智能传感器,也可以是另配微处理器的传感器。图 12 - 1 为典型智能传感器系统框图。

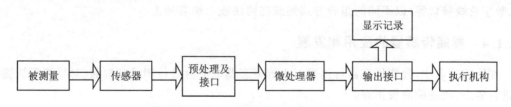

图 12 - 1　典型智能传感器系统框图

智能传感器系统是将传统传感器(采用非集成化工艺制作的传感器,仅具有获取信号的功能)、信号调理电路、带数字总线接口的微处理器组合为一个整体而构成的。

12.1.2　智能传感器的功能

1. 控制功能

在智能传感器中,测量过程可以通过预先编制好的程序,在微型计算机的控制下实现自动化测量。其控制内容一般有:键盘控制功能、量程自动切换功能、多路通道的切换、极值判断与越界报警、自动校准、自动诊断测量结果显示及打印方式选择。

2. 数据处理功能

智能传感器的数据处理功能主要包括:标度变换、数字调零、非线性补偿、温度补偿、数字滤波。

3. 数据传输功能

智能传感器除了能独立完成一定的功能外,还可以实现各传感器之间,或与另外的微机系统进行信息交换和传输。

4. 其他常用功能

包括用于多敏性、记忆功能、数字和模拟输出功能及使用备用电源的断电保护功能等。

12.1.3 智能传感器的实现途径

1. 非集成化实现

非集成化智能传感器是将仅具有获取信号功能的传统传感器、信号调理电路、带数字总线接口的微处理器组合为一个整体而构成的智能传感器系统。现场总线控制系统的发展推动了此类传感器的发展。生产厂家可以保持原有的生产工艺设备基本不变,附加一块带数字总线接口的微处理器,并配备具有控制、数据传输、数据处理等功能的智能软件,从而实现智能传感器功能。这是一条既经济又快速地建立智能传感器的途径。

2. 集成化实现

此类智能传感器系统是采用微机械加工技术和大规模集成电路工艺技术,利用硅作为基本材料来制作敏感元件、信号调理电路及微处理单元,并把它们集成在一块芯片上构成的。这使智能化传感器微型化、结构一体化,从而提高了其精度和稳定性。

3. 混合实现

集成化智能传感器是传感器发展的必然趋势,但是目前还存在一些棘手的难题,如敏感元件与集成电路工艺的兼容性问题,芯片面积有限,测试环境对信号处理电路的影响等问题。混合实现就是根据需要与可能,将系统各个集成化环节(如敏感单元、信号处理电路、微处理器单元、数字总线接口等)以不同的组合方式集成在两块或三块芯片上。

12.1.4 智能传感器的应用和发展

在国防工业中,智能传感器可用来对火炮姿态调试平台进行调试和检测、对导弹等智能炸弹进行姿态、轨迹检测校正等。

在工业生产中,利用传统的传感器无法对某些产品参数指标(黏度、硬度、表面光洁度、成分、颜色、味道等)进行在线测量和控制。利用智能传感器可直接测量与产品质量指标有函数关系的生产过程中的某些量(如温度、湿度、压力、流量等),利用神经网络或专家系统技术建立的数学模型进行计算,从而可推断出产品的质量。

智能传感器与现代农业生产相结合为智慧农业、精准农业发展提供了技术保障。智能传感器用于智能粮仓储藏系统的设计中,可实现对湿度、温度、虫害的自动实时监测和控制。

在医学领域中,糖尿病患者需要随时掌握血糖水平,以便调整饮食和注射胰岛素,防止其他并发症,如采用智能传感器能实时测量血压的智能手环等。

智能传感器是一种应用前景非常广阔的新型传感器。随着微电子技术的发展,新一代的智能传感器的功能将会增多,它还将朝着微传感器、微执行器和微处理器三位一体的方向发展。

12.1.5 智能传感器的设计

1. 敏感元件设计

敏感元件设计应遵循以下原则:选择性能、价格符合设计要求的低功耗、微功耗敏感元件;为了提高性能减小体积,希望所有元器件集成在一个芯片上制成集成传感器,实际应用的产品大多是模块化结构。近年来由于多芯片组件技术的发展,可将智能传感器分布在几个芯片上。利用微机械加工制造传感器是近年发展起来的重要技术。

2. 传感器工艺设计

传感器工艺设计中硅微机械加工是硅集成电路工艺的一项重要扩展技术,主要用于制造以硅材料为基底,层与层之间有很大差别的三维结构,如膜片、横梁、探针、凹槽、孔隙等(这些微结构可作为敏感元件)。硅微加工技术主要包括刻蚀技术、体形结构腐蚀加工、薄膜技术等。除了上述硅微机械加工技术外,近年来射线深层光刻和电铸成型技术也发展很快。把射线深层光刻和电铸成型技术结合起来,可以制造各种类型的智能传感器。

3. 软件设计

软件设计在智能传感器中起着非常重要的作用。智能传感器通过各种软件对测量过程进行管理和调节使之工作在最佳状态,并对传感器数据进行各种处理,从而增强了传感器的功能,提高了其性能指标。利用软件能够实现硬件难以实现的功能。以软件代替部分硬件降低了传感器的制造难度和成本。常用的软件设计方法主要基于模块式智能传感器,这种传感器由基本传感器和单片机的信号处理模块组成。图 12-2 为智能传感器软件设计框图。

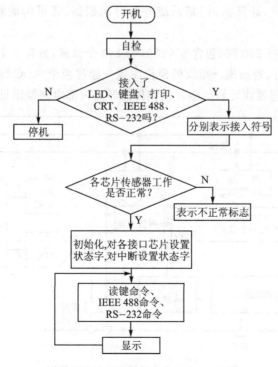

图 12-2 智能传感器软件设计框图

12.1.6 智能传感器的应用实例

1. 智能压力传感器

图 12-3 为 ST-3000 系列智能压力传感器设计框图。该传感器主要由基本传感器、微处理器和现场通信器组成。它包含 2 个压力传感器(差动压力传感器和静态压力传感器)和 1 个温度传感器。其中,静压和温度信号用于对差压进行补偿,经过补偿处理后的差压数字信号再经 D/A 变成 4~20 mA 的标准信号输出。传感器经 A/D 变换后也可由数字接口直接输出数字信号。

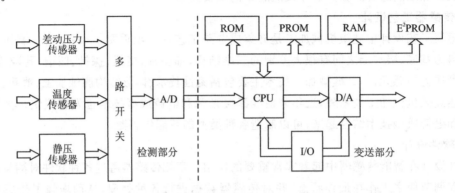

图 12-3 智能压力传感器设计框图

2. 指纹传感器

指纹传感器可广泛用于便携式指纹识别仪,网络、数据库及工作站的保护装置,自动柜员机(ATM),智能卡,手机,计算机,门禁系统等身份识别器,还可构成宾馆、家庭的门锁识别系统。

指纹传感器共有 8 行 280 列,包含 8×280=2 240 个像素,另有一个虚列。

基本工作原理为:行、列扫描→指纹的模拟图像→经过两个 ADC 转换成数字图像→通过 8 位锁存器输出到微处理器或计算机中。指纹传感器的内部电路框图见图 12-4。

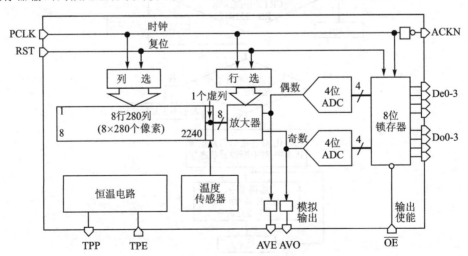

图 12-4 指纹传感器的内部电路框图

指纹识别过程为:指纹采样→指纹图像预处理→二值化处理→细化→纹路提取→细节特征提取→指纹匹配(即指纹库的查对),如图 12 - 5 所示。

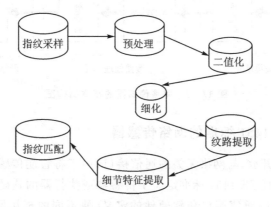

图 12 - 5　指纹识别过程图

3. 多功能式湿度/温度/露点智能传感器系统

该传感器主要由基本传感器、放大器、A/D 变换、存储器等部分构成。图 12 - 6 所示为瑞士 Sensirion 公司的 SHT11/15 型高精度、自校准、多功能式智能传感器。该传感器能同时测量相对湿度、温度和露点等参数,兼有数字湿度计、温度计和露点计这 3 种仪表的功能,可广泛用于工农业生产、环境监测、医疗仪器、通风及空调设备等领域。

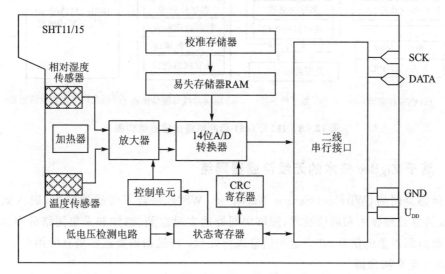

图 12 - 6　SHT11/15 型湿度/温度/露点传感器的内部电路框图

12.2　网络传感器

网络传感器是指能与网络连接或通过网络使其与微处理器、计算机或仪器系统连接的传感器。网络传感器能在现场级实现网络协议,使现场测控数据就近登录网络,在网络覆盖范围内实时发布、传输和共享。

网络传感器基本结构如图 12 - 7 所示。

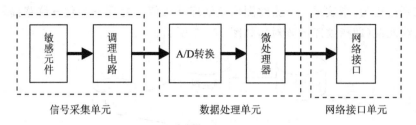

信号采集单元   数据处理单元   网络接口单元

图 12 - 7　网络传感器的基本结构图

12.2.1　基于 IEEE 1451 标准的网络传感器

IEEE 1451 是一个开放、与网络无关的通信接口,用于将智能传感器直接连接到计算机、仪器系统和其他网络。IEEE 1451 标准定义了传感器或执行器的软硬件接口标准,为传感器或执行器提供了标准化的通信接口和软硬件的定义,使不同的现场网络之间可以通过应用IEEE 1451 定义的接口标准互连,可以互操作,解决了不同网络之间的兼容性问题,使传感器的厂家、系统集成商和最终用户有能力以低成本去支持多种网络和变送器家族,并且通过简化连线,降低了系统总消耗。IEEE 1451 标准网络传感器结构如图 12 - 8 所示。

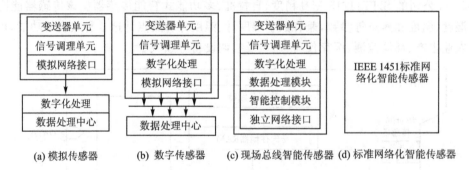

(a) 模拟传感器　　(b) 数字传感器　(c) 现场总线智能传感器 (d) 标准网络化智能传感器

图 12 - 8　IEEE 1451 标准网络传感器结构图

12.2.2　基于 ZigBee 技术的无线传感器网络

无线传感器网络(Wireless Sensor Networks,WSN)综合了传感器技术、嵌入式计算技术、分布式信息处理技术和通信技术,能够协同处理实时监测、感知和采集网络分布区域内的各种环境或监测对象的信息,并将这些信息进行处理,传送给需要这些信息的用户。

1. WSN 定义和术语

WSN 是由一组传感器节点以自组织的方式构成的无线网络,其目的是协同处理感知、采集和处理网络覆盖的地理区域中对象的信息,并发布给观察者。

WSN 节点:由内置传感器、数据采集单元、数据处理单元、无线数据收发单元以及小型电池单元组成。

自组织网络:节点通过分层协议和分布式算法协调各自的行为,节点开机后就可以快速、自动地组成一个独立的网络。

动态拓扑 Ad - hoc:WSN 是一个动态的网络,节点可随处移动,一个节点可能因电池能量耗尽或其他故障退出网络运行,也可能因工作的需要而被添加到网络中。

2. 典型的无线传感器网络的组成结构

典型的无线传感器网络的组成结构如图 12‑9 所示，其中，N 表示传感器节点，多个传感器节点构成一个 Sink 节点(称为汇点)，多个汇点构成传感器网络的网关节点。传感器节点被密集地投放于待监测区域获取第一手信息，而网关节点储备较多的能量或者本身可以进行充电，这样就可以将节点收集到的信息通过以太网、数字移动网或卫星与较远的信息平台进行交换或传输。

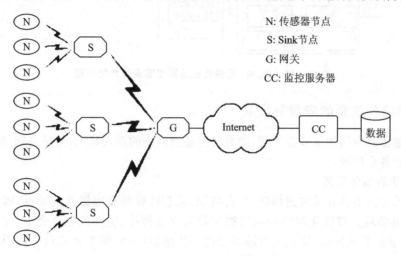

图 12‑9　无线传感器网络的组成结构图

3. IEEE 802.15.4/ZigBee

无线传感器网络是一种以数据为中心的网络，具有小型化、低复杂度、低成本的特点。

国际电子电气工程师协会成立 IEEE 802.15.4 工作组，致力于定义一种供廉价的固定、便携或移动设备使用的无线连接技术标准。英国 Invensys 公司、日本三菱电气公司、美国摩托罗拉公司以及荷兰飞利浦半导体公司成立了 ZigBee 联盟，ZigBee 是这种技术的商业化命名。

IEEE 802.15.4 标准一出现即推动了无线传感器网络在军事、环境监测、家居智能、医疗健康、科学研究等领域中的应用。

(1) ZigBee 无线传感器网络节点

ZigBee 无线传感器网络节点的基本结构如图 12‑10 所示。ZigBee 节点由微控制器(MCU)、无线射频收发器(RF XCVR)和天线构成。

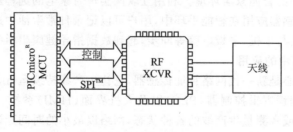

图 12‑10　ZigBee 无线传感器网络节点的基本结构

(2) ZigBee 无线传感器网络节点硬件结构

ZigBee 无线传感器网络节点硬件结构如图 12‑11 所示。

无线传感器网络作为一种新的网络已经走进了人们的生活，已经影响到社会各方面的工作，是一项新型的信息获取和处理技术，创造了一个更高效、更便捷的生活和工作环境。

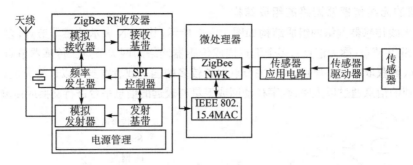

图 12 - 11　ZigBee 无线传感器网络节点硬件结构图

12.2.3　网络传感器的应用及发展

网络传感器的应用领域非常广阔,随着对传感器网络的深入研究,传感器网络将会逐渐深入人们生活的各个领域。

1. 在军事领域的应用

无线传感器网络具有可快速部署、可自组织、隐蔽性强和高容错性的特点,因此它非常适合应用在军事领域。智能化的终端可以被大量装在宣传品、子弹或炮弹壳中,在目标地点撒落,形成大面积的监视网络;或在公共隔离带部署传感器网络,能非常隐蔽和近距离地准确收集战场信息,迅速获取有利于作战的信息。

2. 在精准农业和环境监测中的应用

无线传感器网络可用于监视农作物生长情况、病虫害情况、养殖业环境、土壤生态及地表等,还可用于卫星监测控制、气象和地理研究、洪水监测等。基于无线传感器网络,可以通过不同种类的传感器来监测降雨量、大气污染等。

3. 在医疗系统和健康护理中的应用

随着室内网络普遍化,无线传感器网络在医疗研究、护理领域也大展身手。主要的应用包括远程健康管理、重症病人或老龄人看护、生活支持设备、病理数据实时采集与管理、紧急救护、监测人体的各种生理数据、跟踪和监控医院中医生和患者的行动,以及医院的药物管理等。

4. 在智能家电居、穿戴设备中的应用

在家电和家具中嵌入传感器节点,通过无线网络与互联网连接在一起,将为人们提供更加舒适、方便和更人性化的智能家居环境。利用互联网实现对家电的远程遥控,可实时监控家庭安全情况。将网络传感器应用在智能手环中,用户可以记录日常生活中运动、睡眠及饮食等实时数据,并将这些数据与手机、平板电脑等同步,起到数据指导健康生活的作用。

5. 在工业自动化中的应用

工业自动化的核心是新一代网络智能传感器,它让生产线持续运行,通过低延迟和实时网络,连接至高性能可编程逻辑控制器(PLC)以及人机界面(HMI)系统。高速、可靠的传感器必须非常迅速地监控或者测量生产线的各种状态,网络以最小的时间延迟传输这种信息。

12.2.4　网络传感器的应用实例

1. 基于 ZigBee 的无线芯片——CC2420 无线蓝牙(RF)收发器

基于 ZigBee 的无线芯片——CC2420 无线蓝牙(RF)收发器如图 12 - 12 所示。

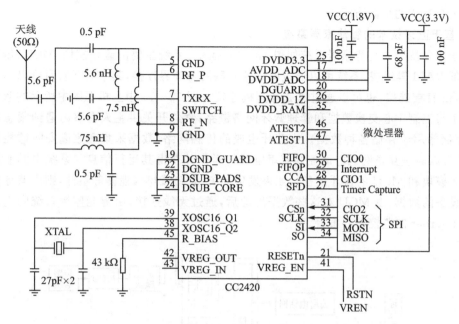

图 12 - 12 ZigBee 无线芯片——CC2420 无线蓝牙(RF)收发器

2. 智能家居系统

智能家居系统是由嵌入式 Web、近程终端、WSN 协调器 3 个部分组成的一体化终端,如图 12 - 13 所示。

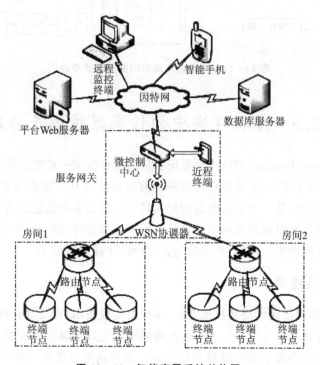

图 12 - 13 智能家居系统总体图

在远端的移动智能终端或计算机通过 Internet 访问无线传感器网络,而嵌入式 Web 服务器提供了交互式的页面访问。

3. 基于蓝牙技术的智能家居系统

基于蓝牙技术的智能家居系统如图 12-14 所示。系统主要由蓝牙模块、MCU、传感器组以及外部 RAM 等组成,系统可以通过电话或互联网与外界连接,其中与互联网可以通过嵌入式 Modem 直接连接,也可以通过家庭计算机连接。图 12-14 中主机框图中所示的蓝牙模块主要用于与控制中心交换数据和管理蓝牙网络链路;紧急开关供主人在室内遇到紧急情况时使用;存储器用于存储各种数据。由蓝牙组成的传感网络、数据采集和家庭安防监控灵活方便,用户可以通过互联网或电话控制家里电器的运作并获得其运行信息。系统中的蓝牙都是内嵌蓝牙模块和 MCU 的蓝牙设备。如果发生火灾、盗窃或煤气泄漏等事件,则由蓝牙模块接收来自设备的数据,由 MCU 对这些数据处理后,通过无线连接,由智能监控系统向主人报告或通过 Internet 向监控中心报警。

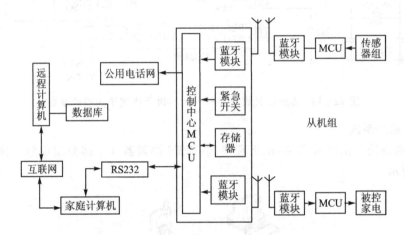

图 12-14　基于蓝牙技术的智能家居系统图

12.3　虚拟现实中的传感器技术及应用

虚拟现实(Virtual Reality,VR)技术是指利用计算机生成一种模拟环境,通过多种专用设备使用户"投入"到该环境中,实现用户与该环境直接自然交互。虚拟现实是一种由计算机和电子技术创造的新世界,是一个看似真实的模拟环境。通过多种传感设备,用户可根据自身的感觉,使用人的自然技能对虚拟世界中的物体进行考察和操作,参与其中的事件,同时提供视、听、触等直观而又自然的实时感知,并使参与者"沉浸"于模拟环境中。

12.3.1　虚拟现实技术

虚拟现实是近年来出现的高新技术,是一项综合集成技术,涉及计算机图形学、模式识别、网络技术、人机交互技术、传感技术、人工智能等领域。它用计算机生成逼真的三维视听,人作为参与者,通过适当的装置在虚拟世界进行体验。虚拟现实主要有三方面的含义:① 虚拟现实是借助于计算机生成逼真的实体,"实体"是指人的视觉、听觉、嗅觉和触觉;② 用户可以通过人的自然技能(指人的头部转动、眼动、手势或其他人体行为动作)与这个环境交互;③ 虚拟现实往往要借助于一些三维设备和传感设备来完成交互操作。虚拟现实硬件系统如图 12 - 15 所示。

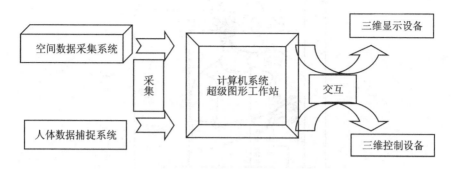

图 12 - 15 虚拟现实硬件系统图

虚拟现实技术主要包括模拟环境、感知、自然技能和传感设备等方面的技术。模拟环境是由计算机生成的、实时动态的三维立体逼真图像。感知是指虚拟现实应该具有一切人所具有的感知。除计算机图形技术所生成的视觉感知外,还应有听觉、触觉、力觉、运动等感知,甚至还包括嗅觉和味觉等,也称为多感知。由计算机来处理与参与者动作(自然技能)相适应的数据,并对用户的输入做出实时响应,反馈到用户的五官。传感设备是指三维交互设备,常用的有立体头盔、数据手套、三维鼠标、数据衣等穿戴于用户身上的装置和设置于现实环境中的传感装置,如摄像机、地板压力传感器等。

虚拟现实技术主要有三个特点:沉浸感、交互性、构想性。之前的交互,如人与人之间的交流、互动,是通过我们的语言、耳朵、鼻子、眼睛等实现的,这些都可以看作是传感。而现在,如果要跟虚拟世界交互的话,就需要各种类型的传感器,这些传感器将对人的探测和对环境的探测叠加到一起。

12.3.2 虚拟现实技术中的传感器

虚拟现实中的传感设备包括两部分:一部分指用于人机交互而穿戴于操作者身上的立体头盔显示器、数据手套、数据衣等;另一部分是用于正确感知而设置在现实环境中的各种视觉、听觉、触觉、力觉传感器,如图 12 - 16 所示。在虚拟现实信息收集系统中,传感器发挥着关键作用,是实现人机交互功能的核心部件,传感器应用得好与坏,在很大程度上决定了虚拟现实设备的用户体验。虚拟现实中用到的传感器种类繁多,包括手势传感器、手指弯曲传感器、动作追踪传感器、触觉传感器、眼动追踪、光敏传感器、光纤传感器、激光传感器、红外传感器、直立式摄像头、定位传感器、头像识别传感器、惯性传感器和嗅觉传感器等。

1. 惯性传感器

惯性传感器包括加速计、陀螺仪和磁力计,这些传感器主要用于捕捉头部运动,特别是转动。

在使用虚拟现实设备时,使用者在虚拟世界的物理信息主要是指头部的朝向、姿态及所处的物理位置。对于虚拟现实设备而言,产品体验主要体现在动作捕捉的准确性和显示的延迟这两方面,很大程度上,这两方面是由惯性传感器决定的。

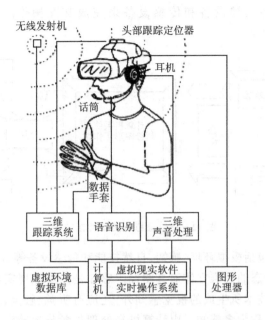

图 12 - 16　虚拟现实人体三维交互图

（1）加速计

加速计通过测量组件在某个轴向的受力情况来检测传感器受到的加速度的大小和方向，表现形式为轴向的加速度大小和方向（XYZ）。用来测量的设备相对于地面的摆放位置对结果影响较大，因此其精确度不高，但该缺陷可以通过陀螺仪得到补偿。

（2）陀螺仪

陀螺仪的工作原理是测量三维坐标系内陀螺转子的垂直轴与设备之间的夹角，并计算角速度，通过夹角和角速度来判别物体在三维空间的运动状态。陀螺仪可用于测量设备自身的旋转运动，但不能确定设备的方位。

（3）磁力计

磁力计可以弥补陀螺仪的缺陷，可用于定位设备的方位，并测量出当前设备与东南西北四个方向的夹角。

2. 动作捕捉传感器

动作捕捉传感器用于追踪和捕捉动作，包括：FOV 深度传感器、摄像头、磁力计和近距离传感器等。

（1）激光感应传感器

激光感应传感器的基本原理是在空间内安装数个可发射激光的装置，对空间发射横竖两个方向扫射的激光，被定位的物体上放置了多个激光感应传感器，通过计算两束光线到达定位物体的角度差，从而得到物体的三维坐标，物体在移动时三维坐标也会跟着变化，由此便得到了动作信息，完成了动作捕捉。

（2）红外感应传感器

红外感应传感器的基本原理是通过在空间内安装多个红外发射摄像头，从而对整个空间进行覆盖拍摄，被定位的物体表面则安装了红外反光点，摄像头发出的红外光经反光点反射后被红外感应传感器捕捉到，配合多个摄像头工作再通过后续程序计算便能得到被定位物体的空间坐标。

（3）主动式红外光学定位捕捉技术＋九轴定位系统

该系统采用的是主动式红外光学定位技术，其头显/手柄上放置的并非红外反光点，而是可以发出红外光的"红外灯"。利用两台加装了红外光滤波片的摄像机进行拍摄，摄像机能捕捉到的仅有头显/手柄上发出的红外光，随后再利用程序计算得到头显/手柄的空间坐标。

3．其他类型传感器

（1）倾角传感器

集成了陀螺仪和加速度控制技术，能够测量细微的运动变化。

（2）霍耳接近传感器

由开关型霍耳传感器和放大处理电路等元件构成。

（3）手势识别技术

在虚拟现实头显前部安装有两个摄像头，利用双目立体视觉成像原理，通过两个摄像机来提取包括三维位置在内的信息进行手势的动作捕捉和识别，建立手部立体模型和运动轨迹从而实现手部的体感交互。

12.3.3　虚拟现实技术的应用

虚拟现实技术在教育与训练、设计与规划、科学计算可视化、商业、军事与航天、医学、艺术与娱乐等领域的应用极为广泛。传感器在虚拟现实系统中起着至关重要的作用。虚拟现实信息采集结构如图 12-17 所示。

图 12-17　虚拟现实信息采集结构框图

虚拟现实系统包含操作者、机器、软件及人机交互设备四个基本要素，其中，机器是指安装了适当的软件程序、用来生成用户能与之交互的虚拟环境的计算机，机器内的数据库存有大量图像和声音。人机交互设备则是指将虚拟环境与操作者连接起来的传感与控制装置。

1．头盔式显示器

人机交互设备将视觉、听觉、触觉、味觉、嗅觉等各种感官反应传达给操作者，使人的意识进入虚拟世界。目前已经开发出来的设备中，视觉方面的有：头盔式立体显示仪（见图 12-18）；听觉方面的有：立体音响；触觉、位置感方面的有：数据手套、数据服等。此外，人机交互设备还包括一些语音识别设备、眼球运动检测装置等，未来还会开发出模拟味觉和嗅觉的设备，那时虚拟现实将更

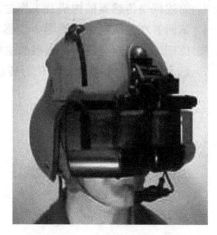

图 12-18　头盔式立体显示器

加真实。

头盔式显示器是与虚拟现实系统关系最密切的人机交互设备,这种设备在头盔上安装显示器,利用特殊的光学设备来对图像进行处理,使图像看上去立体感更强。绝大多数头盔式显示器使用两个显示器,能够显示立体图像。从人类获取信息的方式看,视觉获取的信息占人们获取信息量的 70%,其次是听觉、触觉和味觉。为了实现逼真的效果,满足人的视觉和听觉习惯,虚拟环境的图像和声响应是三维的;为了达到实时性,图像至少应有 60 Hz 的帧频,还要随时响应人们的操纵信号,延迟不能超过 0.1 s。虚拟现实系统利用头盔显示器把用户的视觉、听觉和其他感觉封装起来,产生一种身在虚拟环境中的错觉。头戴式显示器将观察者的头部位置及运动方向告诉计算机,计算机就可以调整观察者所看到的图景,使得呈现的图像更趋于真实。当人戴上头盔时,多媒体计算机就把立体图像从头盔的显示器显示给参观者。可以说,头盔式立体显示器可以为用户提供一个完全虚拟却又十分逼真的情境,如果再配合动作传感器,就能够从视觉、听觉以及触感上为用户营造一个让人完全沉浸的空间,让大脑感觉到自己就处在这样的世界里。

2. 数据手套

数据手套是近年来随着虚拟现实技术发展起来的一种输入设备,也是虚拟现实系统中最常用的输入装置。数据手套可以把人的姿势以及虚拟物体的接触信息反馈给虚拟环境和操作者,实时生成接近或远离物体的图像。

通过传感器可以采集数据手套每个指关节弯曲程度的数据;在每两个手指之间有一个传感器可以记录两个手指之间的角度,并很好地区分每根手指的外围轮廓。人们定义了传感器的测量范围,计算传感器的输出数列,由此可以计算得出相应的手势。

习　题

1. 与普通传感器相比,智能传感器有哪些功能特点?
2. 试述智能传感器系统智能化功能的实现方法。
3. 查阅资料,给出 3 种以上智能传感器的型号和应用范围。
4. 简述网络传感器的构成及工作过程。
5. 试回答在无线网络传感器中传感节点的组成部分及主要功能?
6. IEEE 1451 标准网络传感器的主要特点是什么?
7. 试述 ST - 3000 系列智能压力传感器的结构和工作原理。

第 13 章   传感器实验

13.1   电阻式传感器

1. 实验目的

① 观察了解箔式应变片的结构及粘贴方式。

② 测试应变梁变形的应变输出。

③ 掌握应变片单臂、半桥、全桥的工作原理和工作情况。

④ 验证应变片单臂、半桥、全桥的性能及相互之间的关系。

⑤ 学会应变电桥的应用。

2. 实验原理

一根金属导线在其拉长时电阻增大,在受压缩变短时电阻减小,这个规律称为金属材料的电阻应变效应。应变效应产生的原因是导体(或半导体)的电阻与电阻率及其几何尺寸(长度和截面积)等参数有关,当导体(或半导体)受到外力作用时,这些参数都会发生变化,所以会引起电阻的变化。通过测量阻值的变化就可以确定外界作用力的大小。

应变片是一种能将试件上的应变变化转换成电阻变化的传感元件。当用应变片测试时,应变片要牢固地粘贴在测试体表面,当测件受力发生形变,应变片的敏感栅随同变形,其电阻值也随之发生相应的变化。要把应变片的微小应变引起的微小电阻值的变化测量出来,还要把电阻的相对变化转换为电压或电流(一般为电压),需要设计专门的测量电路,常用的测量电路是电桥电路。

电桥电路是最常用的非电量电测电路中的一种,当电桥平衡时,桥路对臂电阻乘积相等,电桥输出为零,在桥臂 4 个电阻 R_1, R_2, R_3, R_4 中,电阻的相对变化率分别为 $\Delta R_1/R_1$,$\Delta R_2/R_2, \Delta R_3/R_3, \Delta R_4/R_4$,且 $R_1 = R_2 = R_3 = R_4 = R$。当使用 1 个应变片时,$\sum R = \Delta R/R$;当 2 个应变片组成差动状态工作时,则有 $\sum R = 2\Delta R/R$;当用 4 个应变片组成 2 个差动对工作时,$\sum R = 4\Delta R/R$。

由此可知,单臂、差分桥、全桥电路的灵敏度依次增大。本实验说明箔式应变片及单臂和差分直流电桥的原理和工作情况。

3. 实验仪器、设备

直流稳压电源(±4 V 挡)、差动放大器、电桥、应变式传感器(箔式电阻应变片)、测微头、直流电压表。

4. 实验步骤

① 差动放大器调零。连接主机与模块电路电源连接线,开启仪器总电源和副电源,差动放大器增益置于最大位置(顺时针方向旋到底),"+""—"输入端对地用实验线短路,输出端接电压表 2 V 挡。用调零电位器调整差动放大器输出电压为零,然后拔掉实验线,调零后模块上

的"增益、调零"电位器均不应再变动。

如需使用毫伏表,则将毫伏表输入端对地短路,调整调零电位器,使指针居零位。拔掉短路线,指针有偏转是有源指针式电压表输入端悬空时的正常情况。

② 观察贴于悬臂梁根部的箔式应变计的位置与方向,按图 13-1 将所需实验部件连接成测试桥路,图中 R_1,R_2,R_3 分别为模块上的固定标准电阻,R_4 为应变片(可任选上梁或下梁中的一个工作片),注意连接方式,勿使直流激励电源短路。

将测微头装于应变悬臂梁前端永久磁钢上,并调节测微头使悬臂梁基本处于水平位置。

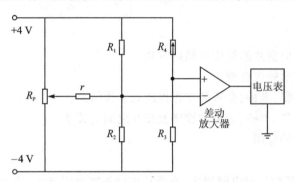

图 13-1　应变片单臂桥实验电路

③ 确认接线无误后开启仪器电源,并预热数分钟,调整电桥 R_P 电位器,使测试系统输出为零。

④ 旋动测微头,带动悬臂梁分别向上和向下各移动 0.5 mm,每移动 1 次记录 1 个输出电压值,并记入下表:

位移/mm	-2.5	-2.0	-1.5	-1.0	-0.5	0	0.5	1.0	1.5	2.0	2.5
电压/V						0					

根据表中所测数据计算灵敏度 $S,S = \Delta V / \Delta X$,并在同一坐标图上作出 $V - X$ 关系曲线。

⑤ 保持放大器增益不变,将 R_3 换为与 R_4 工作状态相反的另一应变片,形成半桥,调整电桥平衡电位器,使表头指零。将 R_1,R_2 两个电阻换成另两片应变片,接成一个直流全桥,通过电桥平衡电位器调好零点。

⑥ 重复③,④步骤,完成半桥与全桥测试实验。

⑦ 比较 3 种桥路的灵敏度,并做出定性的结论。

5. 注意事项

① 实验前应检查实验接插线是否完好,连接电路时应尽量使用较短的接插线,以避免引入干扰。

② 接插线插入插孔,以保证接触良好,切忌用力拉扯接插线尾部,以免造成线内导线断裂。

③ 稳压电源不要对地短路,所有单元电路的地均须与电源地相连。

④ 直流激励电压不能过大,以免造成应变片损坏。

⑤ 由于悬臂梁弹性恢复的滞后及应变片本身的机械滞后,因此当测微头回到初始位置后桥路电压输出值并不能马上回到零,此时可一次或几次将测微头反方向旋动一个较大位移,使

电压值回到零后再进行反向采集实验。

⑥ 更换应变片时应将电源关闭。

⑦ 在实验过程中如果发现电压表发生过载,应将量程扩大或将差放增益减小。

6. 思考题

① 在测量数据时,测微头向上和向下移动,电路的输出有何不同? 输入/输出关系曲线是否重合? 为什么?

② 本实验电路对直流稳压电源和放大器有何要求?

③ 根据差动放大器电路原理图,分析其工作原理,说明它既能作差动放大器,又可作同相或反相放大器。

13.2　电容式传感器

1. 实验目的

① 掌握电容式传感器的工作原理。

② 熟悉试验台上电容传感器的位置和调节方法。

③ 掌握电容式传感器的测量电路的构成和原理。

④ 了解差动变面积式电容传感器的原理及其特性。

2. 实验原理

电容式传感器有多种形式,本仪器中它是差动平行变面积式,传感器由两组定片和一组动片组成。当安装于振动台上的动片上、下改变位置,与两静片之间的相对面积发生变化时,极间电容也发生相应变化,成为差动电容。如将上层定片与动片形成的电容定为 C_{X_1},下层定片与动片形成的电容定为 C_{X_2},当将 C_{X_1} 和 C_{X_2} 接入双 T 型桥路作为相邻两臂时,桥路的输出电压与电容量的变化有关,即与振动台的位移有关。

3. 实验仪器、设备

电容传感器、电容放大器、差动放大器、低通滤波器、电压表、测微头。

4. 实验步骤

① 差动放大器调零。按图 13－2 所示接线,电容变换器和差动放大器的增益适度。

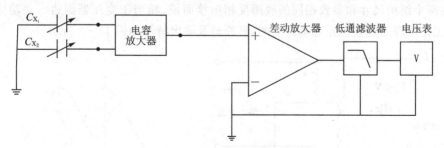

图 13－2　电容式传感器实验电路图

② 装上测微头,带动振动台位移,使电容动片位于两静片中间,此时差动放大器输出应为零。

③ 旋动测微头,带动电容动片在两静片间移动,分别向上和向下各移动 0.5 mm,每移 1

次,记录 1 个输出电压,并记入下表。

位移/mm	−2.5	−2.0	−1.5	−1.0	−0.5	0	0.5	1.0	1.5	2.0	2.5
电压/V						0					

根据表中所测数据计算灵敏度 S,$S=\Delta V/\Delta X$,并在同一坐标图上作出 V-X 关系曲线。

5. 注意事项

① 实验前应检查实验接插线是否完好,连接电路时应尽量使用较短的接插线,以避免引入干扰。

② 接插线插入插孔,以保证接触良好,切忌用力拉扯接插线尾部,以免造成线内导线断裂。

③ 稳压电源不要对地短路,所有单元电路的地均须与电源地相连。

④ 电容动片与两定片之间的片间距离须相等,必要时可稍做调整。位移或振动时均应避免擦片现象,否则会造成输出信号突变。

⑤ 如果差动放大器输出跳动幅度或者输出幅值较大,请将电容变换器增益进一步减小。

6. 思考题

在测量数据时,测微头向上和向下移动,电路的输出有何不同? 输入/输出关系曲线是否重合? 为什么?

13.3 电感式传感器

1. 实验目的

① 了解电感式传感器的基本结构及原理。

② 了解音频振荡器、移相器、相敏检波器及低通滤波器等单元的作用。

③ 掌握电感式传感器测试系统的组成以及测试方法。

电感式接近传感器计数器实验

2. 实验原理

电感式传感器又称差动变压器,它由衔铁、初级线圈、次级线圈和线圈骨架组成。初级线圈作为差动变压器激励用,相当于变压器原边。次级线圈由两个结构尺寸和参数相同的线圈反相串接而成,相当于变压器副边。差动变压器是开磁路,工作原理是建立在互感基础上的,其原理及输出特性如图 13-3 所示。

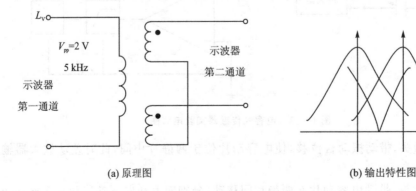

(a) 原理图　　　　　　　　　　　　(b) 输出特性图

图 13-3　变压器原理及输出特性图

3. 实验仪器、设备

音频振荡器、测微头、示波器、差动变压器、差动放大器、移相器、相敏检波器、低通滤波器、电压表。

4. 实验步骤

① 设定有关旋钮初始位置：音频振荡器 5 kHz，双线示波器第一通道灵敏度 500 mV/cm，第二通道灵敏度 20 mV/cm，触发选择打到第一通道。

② 按图 13‐4 接线，差动变压器初级线圈必须从音频信号源 L_V 功率输出端接入，两个次级线圈串接。

③ 打开主机电源，调整音频输出信号频率，输出 V_{PP} 值为 2 V，以示波器第二通道观察到的波形不失真为好。

④ 前后移动改变变压器磁心在线圈中位置，观察示波器第二通道所示波形能否过零翻转，否则改变次级二个线圈的串接端序。

⑤ 差动放大器增益适度，调节电桥 R_{P1}，R_{P2} 电位器，调节测微头带动衔铁改变其在线圈中的位置，使系统输出为零。

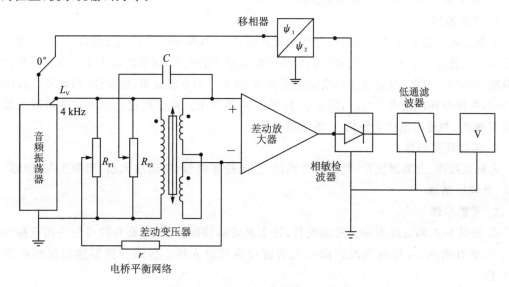

图 13‐4　电感式传感器实验电路图

⑥ 旋动测微头，带动铁芯在线圈中移动，分别向上和向下各移动 0.5 mm，每移 1 次记录 1 个输出电压值，并记入下表。

位移/mm	-2.5	-2.0	-1.5	-1.0	-0.5	0	0.5	1.0	1.5	2.0	2.5
电压/V						0					

根据表中所测数据计算灵敏度 S，$S=\Delta V/\Delta X$，并在同一坐标图上作出 V‐X 关系曲线。

5. 注意事项

① 实验前应检查实验接插线是否完好，连接电路时应尽量使用较短的接插线，以避免引入干扰。

② 示波器第二通道为悬浮工作状态（即示波器探头二根线都不接地）。

③ 接插线插入插孔,以保证接触良好,切忌用力拉扯接插线尾部,以免造成线内导线断裂。

④ 稳压电源不要对地短路,所有单元电路的地均须与电源地相连。

⑤ 音频信号频率一定要调整到次级线圈输出波形基本无失真,否则由于失真波形中有谐波成分,补偿效果将不明显。

6. 思考题

① 在测量数据时,测微头向上和向下移动,电路的输出有何不同? 输入/输出关系曲线是否重合? 为什么?

② 在此实验中,移相器、相敏检波器和低通滤波器等单元有何作用?

13.4 电涡流式传感器

1. 实验目的

① 了解电涡流传感器的结构、原理和工作特性。

② 掌握用电涡流传感器测量振幅的原理和方法。

2. 实验原理

电涡流式传感器由平面线圈和金属涡流片组成,当线圈中通以高频交变电流后,与其平行的金属片上感应产生电涡流,电涡流的大小影响线圈的阻抗 Z,而涡流的大小与金属涡流片的电阻率、导磁率、厚度、温度以及与线圈的距离 X 有关。当平面线圈、被测体(涡流片)、激励源已确定,并保持环境温度不变时,阻抗 Z 只与 X 距离有关。将阻抗变化经涡流变换器变换成电压 V 输出,则输出电压是距离 X 的单值函数。

3. 实验所需部件

电涡流线圈、金属涡流片、电涡流变换器、直流稳压电源、差动放大器、测微头、示波器、激振器、低频振荡器。

4. 实验步骤

① 安装好电涡流线圈和金属涡流片,注意两者必须保持平行(必要时可稍许调整探头角度)。安装好测微头,将电涡流线圈接入涡流变换器输入端。涡流变换器输出端接电压表20 V挡。

② 差动放大器调零,按照图13-5接线。开启仪器电源,测微头位移将电涡流线圈与涡流片分开一定距离,此时输出端有一电压值输出。用示波器接涡流变换器输入端观察电涡流传感器的高频波形,信号频率约为1 MHz。

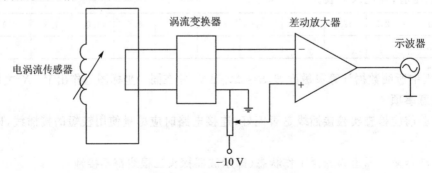

图 13-5 涡流实验电路图

③ 用测微头带动振动平台使平面线圈贴紧金属涡流片,此时涡流变换器输出电压为零。涡流变换器中的振荡电路停振。

④ 旋动测微头使平面线圈离开金属涡流片,从电压表开始有读数起每移动 0.2 mm 记录 1 个读数,将 V, X 数据填入下表,作出 V-X 曲线,指出线性范围,求出灵敏度。

位移/mm	−1.0	−0.8	−0.6	−0.4	−0.2	0	0.2	0.4	0.6	0.8	1.0
电压/V						0					

根据表中所测数据计算灵敏度 S, $S = \Delta V / \Delta X$,并在同一坐标图上作出 V-X 关系曲线。

5. 注意事项

① 实验前应检查实验接插线是否完好,连接电路时应尽量使用较短的接插线,以避免引入干扰。

② 接插线插入插孔,以保证接触良好,切忌用力拉扯接插线尾部,以免造成线内导线断裂。

③ 稳压电源不要对地短路,所有单元电路的地均须与电源地相连。

④ 被测体与涡流传感器测试探头平面尽量平行,并将探头尽量对准被测体中间,以减少涡流损失。

6. 思考题

在测量数据时,测微头向上和向下移动,电路的输出有何不同? 输入/输出关系曲线是否重合? 为什么?

13.5　压电式传感器

1. 实验目的

① 掌握压电式传感器的原理。

② 了解压电式传感器的外形和特性。

③ 了解压电加速度计的结构、原理和应用。

④ 验证引线电容对电压放大器的影响,了解电荷放大器的原理和使用。

2. 实验原理

压电式传感器是一种典型的有源双向机电型传感器(本实验中是利用特殊材料的正压电效应,也称发电型传感器)。压电传感元件是力敏感元件,在压力、应力和加速度等外力作用下,在电介质表面产生电荷,从而实现非电量的测量。

13.5.1　压电式传感器的动态响应

1. 实验仪器、设备

压电式传感器、电荷放大器、低通滤波器、低频振荡器、双线示波器、电压表。

2. 实验步骤

① 观察压电式传感器的结构,根据图 13-6 所示的电路结构,将压电式传感器、电荷放大器、低通滤波器及双线示波器连接起来,组成一个测量线路,并将低频振荡器的输出端与频率表的输入端相连。

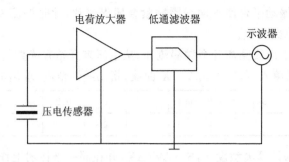

图 13-6　压电式传感器实验电路图

② 低频振荡器输出接"激振Ⅱ"端,开启电源,调节振动频率与振幅,用示波器的两个通道同时观察电压放大器与低通滤波器的输出波形。

③ 改变低频振荡器的频率,读出电压表的示数,将数值填入下表。

F/Hz	15	20	25	30
$V_{\mathrm{pp}}/\mathrm{V}$				

④ 根据调节过程,画出大致的频率与电压表示数的关系曲线。

3. 注意事项

① 实验前应检查实验接插线是否完好,连接电路时应尽量使用较短的接插线,以避免引入干扰。

② 接插线插入插孔,以保证接触良好,切忌用力拉扯接插线尾部,以免造成线内导线断裂。

③ 稳压电源不要对地短路,所有单元电路的地均须与电源地相连。

④ 做此实验时,悬臂梁振动频率不能过低(1~3 Hz),否则电荷放大器将无输出。

⑤ 低频振荡器的幅度要适中,尽量避免失真。

⑥ 梁振动时不应发生碰撞,否则将引起波形失真。

4. 思考题

① 根据实验结果,可以知道振动台的固有频率,如何估计?

② 试回答压电式传感器的特点。

③ 用手轻击试验台,观察输出波形的变化。敲击时输出波形会产生"毛刺",试解释原因。

13.5.2　压电传感器的引线电容对电压放大器的影响

1. 实验仪器、设备

压电式传感器、电压放大器、电荷放大器、低频振荡器、激振器、电压/频率表、主副电源、单芯屏蔽线、示波器。

2. 实验步骤

① 按图 13-7 接线,注意低频振荡器的频率应打在 5~30 Hz,相敏检波器参考电压应从直流输入插口输入,差动放大器的增益旋钮旋到适中。直流稳压电源打到±4 V 挡。

② 示波器的两个通道分别接到差动放大器和相敏检波器的输出端。

③ 开启电源,观察示波器上显示的波形,适当调节低频振荡器的幅度旋钮,使差动放大

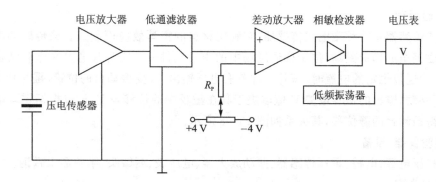

图 13 - 7　压电式传感器实验电路图

的输出波形较大且没有明显的失真。

④ 观察相敏检波器输出波形,解释所看到的现象。调整电位器,使差动放大器的直流成分减少到零,这可以通过观察相敏检波器输出波形来实现。

⑤ 适当增大差动放大器的增益,调节 R_P 使电压表的指示值为某一整数值(如 1.5 V)。

⑥ 将电压放大器与压电传感器之间的屏蔽线换成与原来一根长度不同的屏蔽线,读出电压表的读数。

⑦ 将电压放大器换成电荷放大器,重复⑤、⑥两个步骤。

3. 注意事项

① 实验前应检查实验接插线是否完好,连接电路时应尽量使用较短的接插线,以避免引入干扰。

② 接插线插入插孔,以保证接触良好,切忌用力拉扯接插线尾部,以免造成线内导线断裂。

③ 稳压电源不要对地短路。所有单元电路的地均须与电源地相连。

④ 做此实验时,悬臂梁振动频率不能过低(1~3 Hz),否则电荷放大器将无输出。

⑤ 低频振荡器的幅度要适中,尽量避免失真。

⑥ 梁振动时不应发生碰撞,否则将引起波形失真。

⑦ 由于梁的相频特性的影响,可以适当改变激励信号的频率,使相敏检波器输出的两个半波尽可能平衡,以减少电压表的跳动。

4. 思考题

① 相敏检波器输入脉动直流电对电压表读数是否有影响,为什么?

② 根据实验数据,结合压电式传感器原理和电压、电荷放大器原理,试分析引线的分布电容对电压放大器和电荷放大器性能有什么影响?

13.6　霍耳式传感器

1. 实验目的

① 了解霍耳式传感器的原理与特性。

② 熟悉霍耳式传感器的外形。

③ 掌握霍耳式传感器的测量电路的构成和原理。

2. 实验原理

霍耳式传感器是一种磁电式传感器,它利用材料的霍耳效应而制成。该传感器由两个半圆形永久磁钢组成梯形磁场,位于梯形磁场中的霍耳元件——霍耳片通过底座联结在振动台上,当霍耳片通以恒定的电流时,霍耳元件就有电压输出,改变振动台的位置,霍耳片在梯形磁场中上、下移动,输出的霍耳电势 V 值取决于其在磁场中的位移量 Y,所以根据霍耳电势的大小便可获得振动台的静位移,其关系如图 13-8 所示。

3. 实验仪器、设备

直流稳压电源、电桥、霍耳传感器、差动放大器、电压表、测微头、半圆形永磁钢。

4. 实验步骤

① 设定旋钮初始位置:差动放大器增益旋钮打到最小,电压表置 2 V 挡,直流稳压电源置 2 V 挡(注意:激励电压必须≤±2 V,否则霍耳片易损坏)。

② 按图 13-9 接线,霍耳片安装在实验仪的振动圆盘上,两个半圆形永久磁钢固定在实验仪的顶板上,二者组成霍耳式传感器。使霍耳片位于半圆形磁钢上下正中位置,对差动放大器调零。

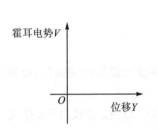

图 13-8 霍耳电势与位移关系图　　**图 13-9 霍耳式传感器实验电路图**

③ 装好测微头,即将测微头与振动台面连在一起,调节它带动振动台位移。

④ 打开电源,调节 R_P 或微调测微头使电压表示数为 0。

⑤ 旋动测微头,分别向上和向下各移动 0.5 mm,每移 1 次记录 1 个输出电压值,并记入下表。

位移/mm	-2.5	-2.0	-1.5	-1.0	-0.5	0	0.5	1.0	1.5	2.0	2.5
电压/V						0					

根据表中所测数据计算灵敏度 S,$S=\Delta V/\Delta X$,并在同一坐标图上作出 V-X 关系曲线。

5. 注意事项

① 实验前应检查实验接插线是否完好,连接电路时应尽量使用较短的接插线,以避免引入干扰。

② 接插线插入插孔,以保证接触良好,切忌用力拉扯接插线尾部,以免造成线内导线断裂。

③ 稳压电源不要对地短路,所有单元电路的地均须与电源地相连。

④ 由于磁路系统的气隙较大,应使霍耳片尽量靠近极靴,以提高灵敏度。

⑤ 一旦调整好,测量过程中不能移动磁路系统。

⑥ 直流激励电压须严格限定在 2 V,绝对不能任意加大,以免损坏霍耳元件。

6. 思考题

① 什么是霍耳效应？霍耳元件常用什么材料？为什么？

② 本实验中霍耳元件位移的线性度实际上反映的是什么量的变化？

③ 在测量数据时，测微头向上和向下移动，电路的输出有何不同？输入/输出关系曲线是否重合？为什么？

④ 在调节好位置后，为什么不能再移动磁路系统？

13.7　热电偶传感器

1. 实验目的

① 了解热电偶、热敏电阻测温原理。

② 观察了解热电偶的结构，熟悉热电偶的工作特性，学会查阅热电偶分度表。

③ 了解 PN 结温度传感器的原理和工作情况。

④ 了解 NTC(负温度系数)热敏电阻现象和特性。

热电偶传感器
测温实验

2. 实验原理

热电偶、热敏电阻和 PN 结测温传感器是典型的热电传感器。

热电偶的基本工作原理是热电效应，当其热端和冷端的温度不同时，即产生热电动势。通过测量此电动势即可知道两端温差。如固定某一端温度(一般固定冷端为室温或 0 ℃)，则另一端的温度就可知，从而实现温度的测量。CSY 型，CSY10，CSY10A 型实验仪中热电偶为铜-康铜(T 分度)，CSY10B 型为镍铬-镍硅(K 分度)。

热敏电阻的温度系数有正有负，因此分成两类：PTC 热敏电阻(正温度系数)与 NTC 热敏电阻(负温度系数)。一般 NTC 热敏电阻测量范围较宽，主要用于温度测量；而 PTC 突变型热敏电阻的温度范围较窄，一般用于恒温加热控制或温度开关，也用于电视中作自动消磁元件。有些功率 PTC 也作为发热元件用。PTC 缓变型热敏电阻可用作温度补偿或温度测量。

半导体 PN 结具有非常良好的温度线性。根据 PN 结特性表达公式 $I=I_{S}\left(\mathrm{e}^{\frac{qv}{RT}}-1\right)$ 可知，在一个 PN 结制成后，其反向饱和电流基本上只与温度有关，根据这一原理制成的 PN 结集成温度传感器，可以直接显示绝对温度(K)，并且具有良好的线性与精度。用半导体材料制成的热敏电阻具有灵敏度高，可以应用于各领域的优点。热电偶一般测高温时线性较好，热敏电阻则用于 200 ℃ 以下温度较为方便，本实验中所用热敏电阻为负温度系数。温度变化时热敏电阻阻值的变化导致运放组成的压/阻变换电路的输出电压发生相应变化。

3. 实验仪器、设备

热电偶、加热器、差动放大器、电压表、温度计、PN 结集成温度传感器、温度变换器、热敏电阻。

4. 实验步骤

(1) 热电偶实验步骤

① 打开电源，差动放大器调零。

② 差动放大器双端输入接入热电偶，如图 13 - 10 所示，打开加热开关，迅速将差动放大

器输出调零(调节差动放大器调零旋钮)。

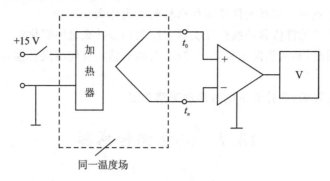

图 13 - 10　热电偶实验电路图

③ 随加热器温度上升,观察差动放大器的输出电压的变化,待加热温度不再上升时(达到相对的热稳定状态),记录电压表读数。

④ 本仪器上热电偶由两支铜-康铜热电偶串接而成(CSY10B 型实验仪为一支 K 分度热电偶),热电偶的冷端温度为室温,放大器的增益为 100 倍,计算热电势时均应考虑进去。用温度计读出热电偶参考端所处的室温 t_n。

$$E(t,t_0)=E(t,t_n)+E(t_n,t_0)$$

实际电动势＝测量所得电势＋温度修正电动势

式中,E 为热电偶的电动势,t 为热电偶热端温度,t_0 为热电偶参考端温度(为 0 ℃),t_n 为热电偶参考端所处的温度。查阅铜-康铜热电偶分度表或镍铬-镍硅热电偶分度表,求出加热端温度 t。

(2) PN 结温度传感器步骤

① 将 PN 结温度传感器按照图 13 - 11 接线。

② 打开加热器,观察温度上升时电压表示数的变化;关闭加热器停止加热,观察温度降低时电压表示数的变化。记录以上的观察现象,并根据电路分析其原因。

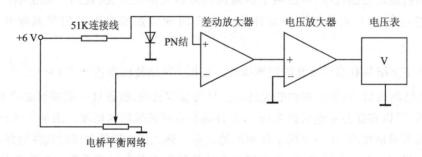

图 13 - 11　PN 结热电阻实验电路图

(3) NTC(负温度系数)热敏电阻实验步骤:

① 观察装于悬臂梁上封套内的热敏电阻,将热敏电阻按照图 13 - 12 接线。

② 打开加热器,观察温度变换器电压表输出随着温升与温降的变化情况。把以上情况记录下来,并根据电路分析其原因。

5. 注意事项

① 实验前应检查实验接插线是否完好,连接电路时应尽量使用较短的接插线,以避免引

入干扰。

② 接插线插入插孔,以保证接触良好,切忌用力拉扯接插线尾部,以免造成线内导线断裂。

③ 稳压电源不要对地短路,所有单元电路的地均须与电源地相连。

④ 因为仪器中差动放大器放大倍数约为 100 倍,所以用差动放大器放大后的热电势并非十分精确,因此查表所得到的热端温度也为近似值。

⑤ 三位半数字电压表必须打在 2 V 挡。

6. 思考题

① 即使采用标准热电偶按本实验方法测量温度也会有很大误差,为什么?

② 在使用热电偶测温时,为什么要进行冷端补偿?有哪些冷端补偿方法?

图 13 – 12　NTC 热敏电阻实验电路图

13.8　光电式传感器

1. 实验目的

① 掌握光电式传感器的原理。

② 了解光纤位移传感器的工作原理和性能。

2. 实验原理

光纤传感器原理实际上是研究光在调制区内,外界信号(温度、压力、应变、位移、振动及电场等)与光的相互作用,即研究光被外界参数调制的原理。外界信号可能引起光的强度、波长、频率、相位和偏振态等光学性质的变化,从而形成不同的调制。

光电传感器
应用实验

反射式光纤传感器工作原理如图 13 – 13 所示,光纤采用 Y 形结构,两束多模光纤合并于一端组成光纤探头,一束作为接收,另一束为光源发射,近红外二极管发出的近红外光经光源光纤照射至被测物,由被测物反射的光信号经接收光纤传输至光电转换器件转换为电信号,反射光的强弱与反射物与光纤探头的距离成一定的比例关系,通过对光强的检测就可得知位置量的变化。

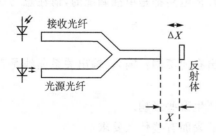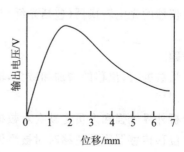

图 13 – 13　反射式光纤位移传感器原理图及输出特性曲线

3. 实验仪器、设备

差动放大器、电压表、光纤传感器、电阻、直流稳压电流。

4. 实验步骤

① 观察光纤位移传感器的结构,它由两束光纤混合后,组成 Y 形光纤,探头截面为半圆分布。

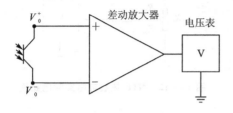

图 13-14　光纤位移传感器实验电路图

② 差动放大器调零,方法同前,电压表打在 2 V 挡。

③ 按照图 13-14 所示接线,光电转换器内部已接好,可将电信号直接经差动放大器放大。

④ 旋转测微头,使光纤探头与振动台面接触,调节差动放大器增益调到最大,调节差动放大器的调零旋钮使电压表读数为零。

⑤ 慢慢调节测微头使振动台离开光纤探头,观察电压表示数的变化。旋转测微头,每隔 0.1 mm 读出 1 个电压表示数,填入下表。

位移/mm	0.1	0.2	1.5	0.3	0.4	0.5	0.6	0.7	0.8	0.9
电压/V										
位移/mm	1.0	1.1	1.2	1.3	1.4	1.5	1.6	1.7	...	10.0
电压/V										

根据表中所测数据计算灵敏度 S,$S = \Delta V / \Delta X$,并在同一坐标图上作出 V-X 关系曲线。

5. 注意事项

① 实验前应检查实验接插线是否完好,连接电路时应尽量使用较短的接插线,以避免引入干扰。

② 接插线插入插孔,以保证接触良好,切忌用力拉扯接插线尾部,以免造成线内导线断裂。

③ 稳压电源不要对地短路。所有单元电路的地均须与电源地相连。

④ 因外界光线的波动会对传感器产生影响,实验时应尽量避免外界光线的干扰。

⑤ 光纤请勿成锐角弯曲,以免造成内部断裂,端面尤要注意保护,否则会使光通量衰耗加大造成灵敏度下降。

⑥ 每台仪器的光电转换器(包括光纤)与转换电路都是单独调配的,请注意与仪器编号配对使用。

6. 思考题

① 在测量数据时,位移的增加和减少,输出有何不同?输入/输出关系曲线是否重合?为什么?

② 试分析外界光强和人员走动会对数据产生哪些影响。

③ 光纤位移传感器测量位移时对被测体的表面有些什么要求?

④ 光纤传感器和其他类型的传感器相比有何优缺点?

⑤ 光纤位移传感器在实际工作中有哪些应用?

13.9　数字式传感器

1．实验目的

① 了解单总线传感器的特点和使用方法。

② 了解集成数字传感器的特点和使用方法。

③ 掌握新型单总线数字温度传感器的工作特性和使用方法。

2．实验原理

DS18B20 是集成数字温度传感器,它内部集成了温度采集、转换、数据存储和传输等电路,它的数据输出采用了单总线的形式。其外观和引脚如图 13 - 15 所示。

实验中,把传感器放到待测温处,采集模块通过编制的程序给它发送命令、读出其中的温度。整个的结构如图 13 - 16 所示。

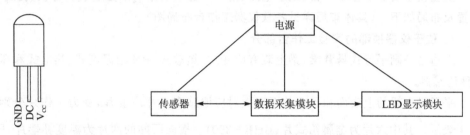

图 13 - 15　封装前的 DS18B20
温度传感器

图 13 - 16　结构图

3．实验所需部件

集成数字温度传感器 DS18B20、数据采集模块、LED 显示模块、电源。

4．实验步骤

① 掌握集成数字温度传感器 DS18B20 的工作特点。

② 按照图 13 - 16 所示构建起温度检测系统。

③ 编制程序,读取传感器的序号和温度值,并能够在 LED 显示器上显示出来。

5．注意事项

① 电路中所用到单元模块的地全部要与电源地连接。

② 因外界光线对光敏元件也会产生影响,实验时应尽量避免外界光线的干扰。

③ 如果数字显示不稳定,应检查周围是否有由于人走动、物体移动而产生的影响。

6．思考题

① 试对测量数据采用低通滤波处理,简单说明其原理。

② 该传感器具有一定的非线性,如何矫正?

附录　实验仪使用说明

CSY 系列(CSY,CSY10,CSY10A 和 CSY10B)传感器系统实验仪是用于检测仪表类课程教学实验的多功能教学仪器。其特点是集被测体、各种传感器、信号激励源、处理电路和显示器于一体,可以组成一个完整的测试系统。通过实验指导书所提供的数十种实验举例,能完成包含光、磁、电、温度、位移、振动及转速等内容的测试实验。通过这些实验,实验者可对各种不同的传感器及测量电路原理和组成有直观的感性认识,并可在本仪器上举一反三开发出新的实验内容。

实验仪主要由实验工作台、处理电路、信号与显示电路 3 部分组成。各款实验仪的传感器配置及布局如下。(具体布局详见各款仪器工作台布局图)

1. 位于仪器顶部的实验工作台部分

左边是一副平行式悬臂梁,梁上装有应变式、热敏式、PN 结温度式、热电式和压电加速度5 种传感器。

平行梁上梁的上表面和下梁的下表面对应地贴有 8 片应变片,受力工作片分别用符号 $\updownarrow$ 和 $\ddagger$ 表示。其中六片为金属箔式片(BHF‐350)。横向所贴的两片为温度补偿片,用符号 $\longleftrightarrow$ 和 $\rightarrow\!\!\!\!-$ 表示。片上标有"BY"字样的为半导体式应变片,灵敏系数为 130(CSY10B 型应变梁上只贴有半导体应变计)。

热电式(热电偶):串接工作的两个铜-康铜热电偶(T 分度)分别装在上、下梁表面,冷端温度为环境温度。分度表见实验指导书(CSY10B 型上梁表面安装一支 K 分度标准热电偶)。

热敏式:上梁表面装有玻璃珠状的半导体热敏电阻 MF‐51,负温度系数,25 ℃时阻值为 $8\sim10$ kΩ。

PN 结温度式:根据半导体 PN 结温度特性所制成的具有良好线性范围的集成温度传感器。

压电加速度式:位于悬臂梁自由端部,由 PZT‐5 双压电晶片、铜质量块和压簧组成,装在透明外壳中。

实验工作台左边是由装于机内的另一副平行梁带动的圆盘式工作台。圆盘周围一圈安装有(依逆时针方向)电感式(差动变压器)、电容式、磁电式、霍耳式、电涡流式及压阻式等传感器。

电感式(差动变压器):由初级线圈 L_i 和两个次级线圈 L_o 绕制而成的空心线圈,圆柱形铁氧体霍耳置于线圈中间,测量范围>10 mm。

电容式:由装于圆盘上的一组动片和装于支架上的两组定片组成平行变面积式差动电容,线性范围$\geqslant3$ mm。

磁电式:由一组线圈和动铁(永久磁钢)组成,灵敏度 0.4 V/m/s。

霍耳式:半导体霍耳片置于两个半环形永久磁钢形成的梯度磁场中,线性范围$\geqslant3$ mm。

电涡流式:多股漆包线绕制的扁平线圈与金属涡流片组成的传感器,线性范围>1 mm。

MPX 压阻式：摩托罗拉扩散硅压力传感器，差压工作，测压范围 0～50 kPa，精度 1%。（CSY10B）

湿敏传感器：高分子湿敏电阻，测量范围：0～99%。

气敏传感器：MQ3 型，对酒精气敏感，测量范围 $10～2\,000×10^{-6}$，灵敏度 $R_o/R>5$。

光敏传感器：半导体光导管，光电阻与暗电阻从几千欧至几兆欧。

双孔悬臂梁称重传感器：称重范围 0～500 g，精度 1%。

光电式传感器：安装于电机侧旁。

两副平行式悬臂梁顶端均装有置于激振线圈内的永久磁钢，右边圆盘式工作台由"激振Ⅰ"带动，左边平行式悬臂梁由"激振Ⅱ"带动。

为进行温度实验，左边悬臂梁之间装有电加热器一组，加热电源取自 15 V 直流电源，打开加热开关即能加热，工作时能获得高于温度 30 ℃ 左右的升温。

以上传感器以及加热器、激振线圈的引线端均位于仪器下部面板最上端一排。实验工作台上还装有测速电机一组及控制、调速开关（CSY10B）装有激振转换开关。

两支测微头：分别装在左、右两边的支架上。（CSY10B 只有右边一支）

2. 信号及仪表显示部分（位于仪器上部面板）

低频振荡器：1～30 Hz 输出连续可调，V_{pp} 值为 20 V，最大输出电流 1.5 A，V_i 端插口可提供用做电流放大器。

音频振荡器：0.4～10 kHz 输出连续可调，V_{pp} 值为 20 V，180°，0° 为反相输出，L_V 端最大功率输出 1.5 A。

直流稳压电源：±15 V，提供仪器电路工作电源和温度实验时的加热电源，最大输出 1.5 A。

数字式电压/频率表：3 位半显示，分 2 V，20 V，2 kHz，20 kHz 四挡，灵敏度 ≥50 mV，频率显示 5～20 kHz。

指针式直流毫伏表：测量范围有 500 mV，50 mV，5mV 三挡，精度 2.5%。

数字式温度计：K 分度热电偶测温，精度 ±1 ℃。（CSY10B 型）

3. 处理电路（位于仪器下部面板）

电桥：用于组成应变电桥，面板上虚线所示电阻为虚设，仅为组桥提供插座。R_1，R_2，R_3 为 350 Ω 标准电阻，R_{P1} 为直流调节电位器，R_{P2} 为交流调节电位器。

差动放大器：增益可调直流放大器，可接成同相、反相及差动结构，增益 1～100 倍。

光电变换器：提供光纤传感器红外发射、接收、稳幅及变换，输出模拟信号电压与频率变换方波信号。四芯航空插座上装有光电转换装置和两根多模光纤（一根接收，一根发射）组成的光强型光纤传感器。

电容变换器：由高频振荡、放大和双 T 电桥组成。

移相器：允许输入电压 $20V_{pp}$，移相范围 $-40°～40°$（随频率不同有所变化）。

相敏检波器：集成运放极性反转电路构成，所需最小参考电压 $0.5V_{pp}$，允许最大输入电压 ≤$20V_{pp}$。

电荷放大器：电容反馈式放大器，用于放大压电加速度传感器输出的电荷信号。

电压放大器：增益 5 倍的高阻放大器。

涡流变换器：变频式调幅变换电路，传感器线圈是三点式振荡电路中的一个元件。

温度变换器(信号变换器):根据输入端热敏电阻值、光敏电阻及 PN 结温度传感器信号变化输出电压信号相应变化的变换电路。

低通滤波器:由 50 Hz 陷波器和 RC 滤波器组成,转折频率 35 Hz 左右。

使用仪器时打开电源开关,检查交、直流信号源及显示仪表是否正常。仪器下部面板左下角处的开关控制处理电路的工作电源,进行实验时请勿关掉。

指针式毫伏表:工作前需输入端对地短路调零,取掉短路线后指针有所偏转是正常现象,不影响测试。

4. 注意事项

本仪器是实验性仪器,各电路完成的实验主要目的是对各传感器测试电路做定性的验证,而非工程应用型的传感器定量测试。

各电路和传感器性能建议通过以下实验检查是否正常:

① 应变片及差动放大器,参考图 13-1 进行单臂、半桥和全桥实验,各应变片是否正常可用万用表电阻挡在应变片两端测量其阻值。各接线图两个节点间即为一实验接插线,接插线可多根迭插,并保证接触良好。

② 半导体应变片,进行半导体应变片直流半桥实验。

③ 热电偶,按图 13-10 所示接线,加热器打开即可,观察随温度升高热电势的变化。

④ 热敏式,按图 13-12 所示接线,进行"热敏传感器实验",电热器加热升温,观察随温度升高"V_o"端输出电压变化情况,注意热敏电阻是负温度系数。

⑤ PN 结温度式,进行 PN 结集成温度传感器测温实验,注意电压表 2 V 挡显示值为绝对温度 T(K 氏温度)。

⑥ 进行"移相器实验",用双踪示波器观察两通道波形。

⑦ 进行"相敏检波器实验"。

⑧ 进行"电容式传感器特性"实验,接线参照图 13-2。当振动圆盘带动动片上下移动时,电容变换器 V_o 端电压应正负过零变化。

⑨ 进行"光纤传感器——位移测量",光纤探头可安装在原电涡流线圈的横支架上固定,端面垂直于镀铬反射片,旋动测微头带动反射片位置变化,从"V_o"端读出电压变化值。光电变换器"F_o"端输出频率变化方波信号。测频率变化时可参照"光纤传感器——转速测试"步骤进行。

⑩ 进行光电式传感器测速实验,V_F 端输出的是频率信号。

⑪ 进行光敏电阻测光实验,信号变换器输出电压变化范围>1 V。

⑫ 进行气敏传感器特性实验,特别注意加热电压一定不能>±2 V。

⑬ 进行湿敏传感器特性演示实验,注意控制激励信号的频率及幅值。

⑭ 进行扩散硅压力传感器实验,试验传感器差压信号输出情况。

⑮ 将低频振荡器输出信号送入低通滤波器输入端、输出端用示波器观察,注意根据低通输出幅值调节输入信号大小。

⑯ 进行"差动变压器性能"实验,检查电感式传感器性能,实验前要找出次级线圈同名端,次级所接示波器为悬浮工作状态。

⑰ 进行"霍耳式传感器直流激励特性"实验,接线参照图 13-9,直流激励信号绝对不能大于 2 V,否则一定会烧坏霍耳元件。

⑱　进行"磁电式传感器"实验,磁电传感器两端接差动放大器输入端,差动放大器增益适当控制,用示波器观察输出波形。

⑲　进行"压电加速度传感器"实验,接线参见图 13-7,传感器引线屏蔽层必须接地。此实验与上述第⑫项内容均无定量要求。

⑳　进行"电涡流传感器的静态标定"实验,接线参照图 13-5,其中示波器观察波形端口应在涡流变换器的左上方,即接电涡流线圈处,右上端端口为振荡信号经整流后的直流电压。

㉑　如果仪器是带微机接口和实验软件的,请参阅数据采集及处理说明。数据采集卡已装入仪器中,其中 A/D 转换是 12 位转换器,无漏码最大分辨率 1/2 048(0.05%),在此范围内的电压值可视为容许误差。所以建议在做小信号实验(如应变电桥单臂实验)时选用合适的量程(如 200 mV),以正确选取信号,减小误差。

㉒　仪器后部的 RS232 接口请接计算机串行口工作。所接串口须与实验软件设置一致,否则计算机将收不到信号。

㉓　仪器工作时需良好的接地,以减小干扰信号,并尽量远离电磁干扰源。

㉔　仪器的型号不同,传感器种类不同,则检查项目也会有所不同,请自行根据仪器型号选择实验内容。

㉕　实验时请非常注意实验指导书中实验内容后的"注意事项",要在确认接线无误的情况下开启电源,尽量避免电源短路情况的发生,加热时"15 V"电源不能直接接入应变片、热敏电阻和热电偶。实验工作台上各传感器部分如相对位置不太正确可松动调节螺丝稍作调整,原则上以按下振动梁松手,周边各部分能随梁上下振动而无碰擦为宜。

㉖　附件中的称重平台是在实验工作台左边的悬臂梁旁的测微头取开后装于顶端的永久磁钢上方,铜质砝码用于称重实验。实验开始前请检查实验连接线是否完好,以保证实验顺利进行。

㉗　本实验仪需防尘,以保证实验接触良好,仪器正常工作温度-10～+40 ℃。

参考文献

[1] 孟立传.传感器原理与应用[M].4版.北京:电子工业出版社,2022.

[2] 谢志萍.传感器与检测技术[M].北京:电子工业出版社,2022.

[3] 何道清.传感器与传感器技术[M].北京:科学出版社,2022.

[4] 郁有文.传感器原理及工程应用[M].5版.西安:西安电子科技大学出版社,2021.

[5] 吴建平.传感器原理与应用[M].北京:机械工业出版社,2021.

[6] 雅各布.现代传感器手册[M].北京:机械工业出版社,2020.

[7] 松井邦彦(日).传感器应用技巧141例[M].北京:科学出版社,2022.

[8] 陈雯拍.智能传感器技术[M].北京:清华大学出版社,2022.

[9] 褚君浩.传感器与智能时代[M].上海:上海科学出版社,2020.

[10] 陈仁文.传感器测试与实验技术[M].北京:科学出版社,2022.

[11] 马飒飒.传感器与传感器网络[M].西安:西安电子科技大学出版社,2022.

[12] 姚思涛.传感器原理[M].4版.北京:科学出版社,2022.

[13] 王庆有.光电传感器及应用[M].北京:机械工业出版社,2020.

[14] 陈文仪.现代传感器技术与应用[M].北京:清华大学出版社,2021.

[15] 高仁璟,赵剑.汽车传感器原理及应用[M].北京:机械工业出版社,2023.